图 3.62　光驱动三脚架"转圈"

图 3.63　CNT-xLCE 在液氮蒸气氛围内的光热效果图

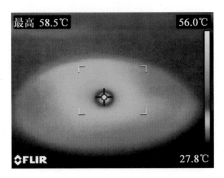

图 4.11　红外热成像仪测量负载 $CH_3NH_3PbI_3$ 涂层的玻璃片在光照时的温度

（光强：120 mW/cm$^2$）

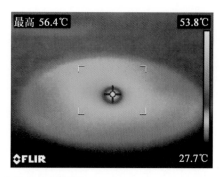

图 4.12　红外热成像仪测量 $CH_3NH_3PbI_3$-Vitrimer 在光照时的温度
（光强：$120\ mW/cm^2$）

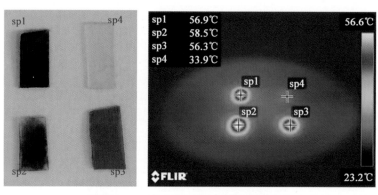

图 4.13　负载 $CH_3NH_3PbI_3$（sp1）、CNT（sp2）、金纳米颗粒（sp3）涂层的环氧树脂类玻璃高分子与空白样（sp4）的光热效应对比

清华大学优秀博士学位论文丛书

# 环氧树脂基
# 类玻璃高分子复合材料

杨洋 (Yang Yang) 著

## Epoxy-based Vitrimer Composites

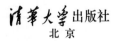

清华大学出版社
北 京

## 内 容 简 介

本书将动态共价键和具有光热效应(吸光生热)的碳纳米管和钙钛矿引入环氧树脂中,用光作为刺激源,使环氧树脂不仅能方便地光控再加工(焊接、愈合、重塑形等),得到具有多种优异性能的动态三维结构(能感知外界刺激并发生可逆驱动的三维结构),还可赋予材料太阳光响应性能及在光响应和光惰性之间可逆切换,从而拓宽了环氧树脂的应用范围。同时,光控的特性将简化环氧树脂回收再用的方法,有利于减少因废弃而带来的资源浪费。

本书可供从事高分子材料、环氧树脂相关材料研究的高校和科研院所师生及相关技术人员阅读参考。

**图书在版编目(CIP)数据**

环氧树脂基类玻璃高分子复合材料/杨洋著. —北京:清华大学出版社,2023.6
(清华大学优秀博士学位论文丛书)
ISBN 978-7-302-63330-3

Ⅰ.①环… Ⅱ.①杨… Ⅲ.①环氧树脂－玻璃纤维增强复合材料－研究 Ⅳ.①TQ171.77

中国国家版本馆 CIP 数据核字(2023)第 063744 号

责任编辑:孙亚楠
封面设计:傅瑞学
责任校对:薄军霞
责任印制:丛怀宇

出版发行:清华大学出版社
　　　　　网　　　址:http://www.tup.com.cn,http://www.wqbook.com
　　　　　地　　　址:北京清华大学学研大厦 A 座　　　邮　　编:100084
　　　　　社 总 机:010-83470000　　　　　邮　　购:010-62786544
　　　　　投稿与读者服务:010-62776969,c-service@tup.tsinghua.edu.cn
　　　　　质量反馈:010-62772015,zhiliang@tup.tsinghua.edu.cn
印 装 者:三河市东方印刷有限公司
经　　销:全国新华书店
开　　本:155mm×235mm　　印　张:8　　插　页:2　　字　数:140 千字
版　　次:2023 年 7 月第 1 版　　　　　印　　次:2023 年 7 月第 1 次印刷
定　　价:79.00 元

产品编号:082505-01

# 一流博士生教育
## 体现一流大学人才培养的高度(代丛书序)<sup>①</sup>

　　人才培养是大学的根本任务。只有培养出一流人才的高校,才能够成为世界一流大学。本科教育是培养一流人才最重要的基础,是一流大学的底色,体现了学校的传统和特色。博士生教育是学历教育的最高层次,体现出一所大学人才培养的高度,代表着一个国家的人才培养水平。清华大学正在全面推进综合改革,深化教育教学改革,探索建立完善的博士生选拔培养机制,不断提升博士生培养质量。

### 学术精神的培养是博士生教育的根本

　　学术精神是大学精神的重要组成部分,是学者与学术群体在学术活动中坚守的价值准则。大学对学术精神的追求,反映了一所大学对学术的重视、对真理的热爱和对功利性目标的摒弃。博士生教育要培养有志于追求学术的人,其根本在于学术精神的培养。

　　无论古今中外,博士这一称号都和学问、学术紧密联系在一起,和知识探索密切相关。我国的博士一词起源于 2000 多年前的战国时期,是一种学官名。博士任职者负责保管文献档案、编撰著述,须知识渊博并负有传授学问的职责。东汉学者应劭在《汉官仪》中写道:"博者,通博古今;士者,辩于然否。"后来,人们逐渐把精通某种职业的专门人才称为博士。博士作为一种学位,最早产生于 12 世纪,最初它是加入教师行会的一种资格证书。19 世纪初,德国柏林大学成立,其哲学院取代了以往神学院在大学中的地位,在大学发展的历史上首次产生了由哲学院授予的哲学博士学位,并赋予了哲学博士深层次的教育内涵,即推崇学术自由、创造新知识。哲学博士的设立标志着现代博士生教育的开端,博士则被定义为独立从事学术研究、具备创造新知识能力的人,是学术精神的传承者和光大者。

---

　　①　本文首发于《光明日报》,2017 年 12 月 5 日。

博士生学习期间是培养学术精神最重要的阶段。博士生需要接受严谨的学术训练，开展深入的学术研究，并通过发表学术论文、参与学术活动及博士论文答辩等环节，证明自身的学术能力。更重要的是，博士生要培养学术志趣，把对学术的热爱融入生命之中，把捍卫真理作为毕生的追求。博士生更要学会如何面对干扰和诱惑，远离功利，保持安静、从容的心态。学术精神，特别是其中所蕴含的科学理性精神、学术奉献精神，不仅对博士生未来的学术事业至关重要，对博士生一生的发展都大有裨益。

### 独创性和批判性思维是博士生最重要的素质

博士生需要具备很多素质，包括逻辑推理、言语表达、沟通协作等，但是最重要的素质是独创性和批判性思维。

学术重视传承，但更看重突破和创新。博士生作为学术事业的后备力量，要立志于追求独创性。独创意味着独立和创造，没有独立精神，往往很难产生创造性的成果。1929 年 6 月 3 日，在清华大学国学院导师王国维逝世二周年之际，国学院师生为纪念这位杰出的学者，募款修造"海宁王静安先生纪念碑"，同为国学院导师的陈寅恪先生撰写了碑铭，其中写道："先生之著述，或有时而不章；先生之学说，或有时而可商；惟此独立之精神，自由之思想，历千万祀，与天壤而同久，共三光而永光。"这是对于一位学者的极高评价。中国著名的史学家、文学家司马迁所讲的"究天人之际，通古今之变，成一家之言"也是强调要在古今贯通中形成自己独立的见解，并努力达到新的高度。博士生应该以"独立之精神、自由之思想"来要求自己，不断创造新的学术成果。

诺贝尔物理学奖获得者杨振宁先生曾在 20 世纪 80 年代初对到访纽约州立大学石溪分校的 90 多名中国学生、学者提出："独创性是科学工作者最重要的素质。"杨先生主张做研究的人一定要有独创的精神、独到的见解和独立研究的能力。在科技如此发达的今天，学术上的独创性变得越来越难，也愈加珍贵和重要。博士生要树立敢为天下先的志向，在独创性上下功夫，勇于挑战最前沿的科学问题。

批判性思维是一种遵循逻辑规则、不断质疑和反省的思维方式，具有批判性思维的人勇于挑战自己，敢于挑战权威。批判性思维的缺乏往往被认为是中国学生特有的弱项，也是我们在博士生培养方面存在的一个普遍问题。2001 年，美国卡内基基金会开展了一项"卡内基博士生教育创新计划"，针对博士生教育进行调研，并发布了研究报告。该报告指出：在美国和欧洲，培养学生保持批判而质疑的眼光看待自己、同行和导师的观点同样非常不容易，批判性思维的培养必须成为博士生培养项目的组成部分。

对于博士生而言，批判性思维的养成要从如何面对权威开始。为了鼓励学生质疑学术权威、挑战现有学术范式，培养学生的挑战精神和创新能力，清华大学在 2013 年发起"巅峰对话"，由学生自主邀请各学科领域具有国际影响力的学术大师与清华学生同台对话。该活动迄今已经举办了 21 期，先后邀请 17 位诺贝尔奖、3 位图灵奖、1 位菲尔兹奖获得者参与对话。诺贝尔化学奖得主巴里·夏普莱斯（Barry Sharpless）在 2013 年 11 月来清华参加"巅峰对话"时，对于清华学生的质疑精神印象深刻。他在接受媒体采访时谈道："清华的学生无所畏惧，请原谅我的措辞，但他们真的很有胆量。"这是我听到的对清华学生的最高评价，博士生就应该具备这样的勇气和能力。培养批判性思维更难的一层是要有勇气不断否定自己，有一种不断超越自己的精神。爱因斯坦说："在真理的认识方面，任何以权威自居的人，必将在上帝的嬉笑中垮台。"这句名言应该成为每一位从事学术研究的博士生的箴言。

### 提高博士生培养质量有赖于构建全方位的博士生教育体系

一流的博士生教育要有一流的教育理念，需要构建全方位的教育体系，把教育理念落实到博士生培养的各个环节中。

在博士生选拔方面，不能简单按考分录取，而是要侧重评价学术志趣和创新潜力。知识结构固然重要，但学术志趣和创新潜力更关键，考分不能完全反映学生的学术潜质。清华大学在经过多年试点探索的基础上，于 2016年开始全面实行博士生招生"申请-审核"制，从原来的按照考试分数招收博士生，转变为按科研创新能力、专业学术潜质招收，并给予院系、学科、导师更大的自主权。《清华大学"申请-审核"制实施办法》明晰了导师和院系在考核、遴选和推荐上的权力和职责，同时确定了规范的流程及监管要求。

在博士生指导教师资格确认方面，不能论资排辈，要更看重教师的学术活力及研究工作的前沿性。博士生教育质量的提升关键在于教师，要让更多、更优秀的教师参与到博士生教育中来。清华大学从 2009 年开始探索将博士生导师评定权下放到各学位评定分委员会，允许评聘一部分优秀副教授担任博士生导师。近年来，学校在推进教师人事制度改革过程中，明确教研系列助理教授可以独立指导博士生，让富有创造活力的青年教师指导优秀的青年学生，师生相互促进、共同成长。

　　在促进博士生交流方面,要努力突破学科领域的界限,注重搭建跨学科的平台。跨学科交流是激发博士生学术创造力的重要途径,博士生要努力提升在交叉学科领域开展科研工作的能力。清华大学于 2014 年创办了“微沙龙”平台,同学们可以通过微信平台随时发布学术话题,寻觅学术伙伴。3年来,博士生参与和发起“微沙龙”12 000 多场,参与博士生达 38 000 多人次。“微沙龙”促进了不同学科学生之间的思想碰撞,激发了同学们的学术志趣。清华于 2002 年创办了博士生论坛,论坛由同学自己组织,师生共同参与。博士生论坛持续举办了 500 期,开展了 18 000 多场学术报告,切实起到了师生互动、教学相长、学科交融、促进交流的作用。学校积极资助博士生到世界一流大学开展交流与合作研究,超过 60% 的博士生有海外访学经历。清华于 2011 年设立了发展中国家博士生项目,鼓励学生到发展中国家亲身体验和调研,在全球化背景下研究发展中国家的各类问题。

　　在博士学位评定方面,权力要进一步下放,学术判断应该由各领域的学者来负责。院系二级学术单位应该在评定博士论文水平上拥有更多的权力,也应担负更多的责任。清华大学从 2015 年开始把学位论文的评审职责授权给各学位评定分委员会,学位论文质量和学位评审过程主要由各学位分委员会进行把关,校学位委员会负责学位管理整体工作,负责制度建设和争议事项处理。

　　全面提高人才培养能力是建设世界一流大学的核心。博士生培养质量的提升是大学办学质量提升的重要标志。我们要高度重视、充分发挥博士生教育的战略性、引领性作用,面向世界、勇于进取,树立自信、保持特色,不断推动一流大学的人才培养迈向新的高度。

清华大学校长

2017 年 12 月 5 日

# 丛书序二

以学术型人才培养为主的博士生教育,肩负着培养具有国际竞争力的高层次学术创新人才的重任,是国家发展战略的重要组成部分,是清华大学人才培养的重中之重。

作为首批设立研究生院的高校,清华大学自 20 世纪 80 年代初开始,立足国家和社会需要,结合校内实际情况,不断推动博士生教育改革。为了提供适宜博士生成长的学术环境,我校一方面不断地营造浓厚的学术氛围,一方面大力推动培养模式创新探索。我校从多年前就已开始运行一系列博士生培养专项基金和特色项目,激励博士生潜心学术、锐意创新,拓宽博士生的国际视野,倡导跨学科研究与交流,不断提升博士生培养质量。

博士生是最具创造力的学术研究新生力量,思维活跃,求真求实。他们在导师的指导下进入本领域研究前沿,吸取本领域最新的研究成果,拓宽人类的认知边界,不断取得创新性成果。这套优秀博士学位论文丛书,不仅是我校博士生研究工作前沿成果的体现,也是我校博士生学术精神传承和光大的体现。

这套丛书的每一篇论文均来自学校新近每年评选的校级优秀博士学位论文。为了鼓励创新,激励优秀的博士生脱颖而出,同时激励导师悉心指导,我校评选校级优秀博士学位论文已有 20 多年。评选出的优秀博士学位论文代表了我校各学科最优秀的博士学位论文的水平。为了传播优秀的博士学位论文成果,更好地推动学术交流与学科建设,促进博士生未来发展和成长,清华大学研究生院与清华大学出版社合作出版这些优秀的博士学位论文。

感谢清华大学出版社,悉心地为每位作者提供专业、细致的写作和出版指导,使这些博士论文以专著方式呈现在读者面前,促进了这些最新的优秀研究成果的快速广泛传播。相信本套丛书的出版可以为国内外各相关领域或交叉领域的在读研究生和科研人员提供有益的参考,为相关学科领域的发展和优秀科研成果的转化起到积极的推动作用。

感谢丛书作者的导师们。这些优秀的博士学位论文，从选题、研究到成文，离不开导师的精心指导。我校优秀的师生导学传统，成就了一项项优秀的研究成果，成就了一大批青年学者，也成就了清华的学术研究。感谢导师们为每篇论文精心撰写序言，帮助读者更好地理解论文。

感谢丛书的作者们。他们优秀的学术成果，连同鲜活的思想、创新的精神、严谨的学风，都为致力于学术研究的后来者树立了榜样。他们本着精益求精的精神，对论文进行了细致的修改完善，使之在具备科学性、前沿性的同时，更具系统性和可读性。

这套丛书涵盖清华众多学科，从论文的选题能够感受到作者们积极参与国家重大战略、社会发展问题、新兴产业创新等的研究热情，能够感受到作者们的国际视野和人文情怀。相信这些年轻作者们勇于承担学术创新重任的社会责任感能够感染和带动越来越多的博士生，将论文书写在祖国的大地上。

祝愿丛书的作者们、读者们和所有从事学术研究的同行们在未来的道路上坚持梦想，百折不挠！在服务国家、奉献社会和造福人类的事业中不断创新，做新时代的引领者。

相信每一位读者在阅读这一本本学术著作的时候，在吸取学术创新成果、享受学术之美的同时，能够将其中所蕴含的科学理性精神和学术奉献精神传播和发扬出去。

清华大学研究生院院长

2018 年 1 月 5 日

# 导师序言

塑料自发明以来便成为革命性的材料,逐渐成为人类生活和工业各个领域不可或缺的材料之一。但废弃塑料无法完全分解、不能自然降解,带来的"白色污染"已成为全球的严重问题之一。目前最常用的塑料垃圾处理方法是填埋、焚烧、投海,但结果是使地球的各个角落遍布塑料垃圾。开发可再加工和环境友好型新材料成为材料技术变革的重大课题。

环氧树脂作为一类重要的热固性塑料,作为胶黏剂、涂料等已被广泛应用,但其废弃物也给环境带来严重的污染。如何处理已有的环氧树脂废弃物已成为研究热点,但同时开发具有可再加工、可重复利用、多功能的环氧树脂材料也迫在眉睫。针对后者,课题组自 2011 年以来致力于开发可再加工、可重复利用的功能热固性塑料和智能材料,基于引入动态共价键的思路,在新型热固性塑料的设计、合成、多功能探索、可再加工和可反复利用性能等方面开展了较为全面、系统的研究,取得了一些具有理论意义和实际应用价值的原创性科研成果。

杨洋的博士学位论文代表了含动态共价键的环氧树脂(Vitrimer)的研究最前沿,也是课题组在 Vitrimer 领域研究成果的典范。该论文通过在环氧树脂材料中引入动态酯键和具有光热效应的纳米材料,制备了可用光进行再加工(包括焊接、愈合、重塑形)、反复回收利用的环氧树脂功能材料;并用环氧树脂构筑了智能液晶弹性体驱动器材料,以制备具有多种优异性能的动态三维结构,如光控变形、恢复、耐低温、愈合、焊接等性能;进而制备了可对太阳光响应的环氧树脂 Vitrimer 形状记忆材料。该论文取得的成果不仅可为开发功能化、智能化的环氧树脂甚至其他热固性高分子材料提供重要的理论指导,也将为其产业化应用提供很好的参考价值。因此,本论文研究有望为减少环氧树脂废弃物垃圾和减少资源浪费提供新方法和新思路。

危岩,吉岩
2022 年 1 月于北京清华园

# 摘　要

　　环氧树脂固化后具有优良的电绝缘性、高黏结性、尺寸稳定性、耐腐蚀性等性能,作为涂料、胶黏剂、电子电器材料等,广泛应用于机械航空、化学化工、建筑汽车等领域。作为一类重要的热固性材料,环氧树脂不溶不熔的性质使其在成型后无法再次加工,环氧树脂材料废弃、老化和损坏后难以回收再用,导致资源浪费和固废污染。环氧树脂类玻璃高分子(Vitrimer)由于其交联网络中可交换键的存在,不仅在低温时具有与传统热固性环氧树脂类似的性质,还能在高温下进行再次加工(重塑形、焊接、回收利用)。直接加热在诸多场合比较困难,比如当材料用于电子器件或只需局部加热时,直接加热就难以实现。相比之下,光作为一种清洁的刺激源,具有远程和局部可控等优点。若能用光调控可交换键的可逆反应,则可克服热控的不足,并实现加工时远程、局部、原位控制的要求。

　　为此,本书在环氧树脂类玻璃高分子中,引入具有光热效应(吸光生热)的碳纳米管和钙钛矿,提出用光作为刺激源,使环氧树脂不仅能方便地光控再加工(焊接、愈合、重塑形等),得到具有多种优异性能的动态三维结构(能感知外界刺激并发生可逆驱动的三维结构),还可赋予材料太阳光响应性能及在光响应和光惰性之间的可逆切换。这些都将拓宽环氧树脂的应用范围。同时,光控的特性将简化环氧树脂回收再用的方法,有利于减少因废弃而带来的资源浪费。

　　本书的工作集中在基于酯交换的环氧树脂类玻璃高分子,有以下几个部分:

　　(1) 将具有光热效应的碳纳米管引入基于酯交换的普通双酚A型环氧树脂类玻璃高分子中,证实低浓度的碳纳米管不改变材料的基本性能,而碳纳米管在红外光下强烈的光热效应可用于激活酯交换反应,使得所制备的复合材料具有光控可塑性,并提出了光控再加工(包括焊接、愈合、重塑形)的新方法。

　　(2) 将碳纳米管引入液晶型环氧树脂类玻璃高分子中,确定其在红外激光下有可塑性；再结合液晶环氧树脂的可逆驱动，光照制备有多种优异性能的动态三维结构，再研究动态三维结构的光控变形、恢复、耐低温、愈合、焊接等性能。

（3）发现了新型的光热效应物质——有机无机杂化钙钛矿 $CH_3NH_3PbI_3$，并将其引入具有形状记忆功能的双酚 A 环氧树脂类玻璃高分子中，赋予复合材料太阳光响应性；并利用 $CH_3NH_3PbI_3$ 较好的溶解性，研究复合材料在光响应与光惰性之间的可逆切换。

**关键词**：环氧树脂；类玻璃高分子；动态共价键；光响应；再加工

# Abstract

As coatings, adhesives electronic materials and so on, epoxy resins have been used in various fields, including electronics, aerospace, chemical industry, ship building, car, military industry, metallurgy, daily life, etc. As the epoxy resins are a kind of thermosetting polymers, they can not be reprocessed or reshaped due to their infusible and insoluble nature, which not only causes the waste of resources, but also brings about the disposal problem. To solve it, Leibler and co-workers developed a dynamic covalent network by introducing transesterification catalyst into epoxy/acid or epoxy/anhydride crosslinked networks, which were defined as "Vitrimers". Thermally induced transesterification leaded to the rearrangement of the permanent crosslinked network at high temperature, which made it possible to reprocess and weld the epoxy thermosets. This reprocessing was triggered by direct heating. But on many occasions, direct heating is not practical (e. g. , when the material is used in electronic devices, or when only a small part of the material needs shape change). To replace direct heating, light is preferred, because light can be rapidly switched on and off, precisely focused on a desired area, and remotely controlled.

To this end, in this book, we introduced two kinds of photo-thermal agents (carbon nanotubes and perovskites) into the epoxy Vitrimers. The resultant networks are able to be reprocessed (reshaped, welded, healed) by light and are responsive to sunlight. More importantly, using liquid crystalline Vitrimers, we provide a new method to make dynamic 3D structures with many excellent properties. This will expand the application of epoxy resin, decrease the waste of resources and simplify the disposal procedures.

The main topics in this book are presented below:

（1）We present a very simple but highly efficient method to manipulate the transesterification reaction in epoxy Vitrimers using the photothermal effect of carbon nanotubes（CNTs）. The carbon nanotube dispersed Vitrimer epoxy can be welded, reshaped and healed by light remotely and locally.

（2）By introducing transesterification and carbon nanotubes（CNTs）into liquid crystaline epoxy, combining the reversible actuation of liquid crystalline elastomer and the photo-thermal effect of CNTs, the resultant networks are capable of the light-controlled fabricaiotn, actuation, restoration, shaping, healing, welding and low-temperature resistance of dynamic 3D structures.

（3）We found a new kind of light-absorber with excellent photo-thermal effect—organic-norganic hybrid perovskite $CH_3NH_3PbI_3$, which can effectively convert solar energy into heat. Coating a $CH_3NH_3PbI_3$ layer onto the surface of shape memory polymers（here is epoxy Vitrimer）,the composites are sunlight-responsive and their shape memory behavior can be controlled by direct sunlight. The $CH_3NH_3PbI_3$ layer can be easily washed off by water. So coating-erasing $CH_3NH_3PbI_3$ can be repeated for many times to make the shape memory polymers photo-responsive and photo-inert alternatively.

**Key words**: epoxy resin; Vitrimer; dynamic covalent bonds; light-response; reprocessing

# 目　录

# 第 1 章 概 述

## 1.1 环氧树脂

### 1.1.1 环氧树脂简介

环氧树脂(epoxy resin)是一类分子中含有两个或两个以上环氧基、与固化剂能形成三维交联网络的化合物总称[1-2]。环氧树脂种类很多,按化学结构(环氧基所连接的基团)可以分为缩水甘油醚型、缩水甘油胺型、缩水甘油酯型、脂环族等。应用最广泛的是缩水甘油醚型,其中双酚 A 二缩水甘油醚环氧树脂(其预聚体化学结构如图 1.1 所示)占据约 80% 的市场份额,这主要是因为双酚 A 二缩水甘油醚固化物具有黏结性好、固化变形率低、稳定性好、机械性能好、电学性能优良等优点。

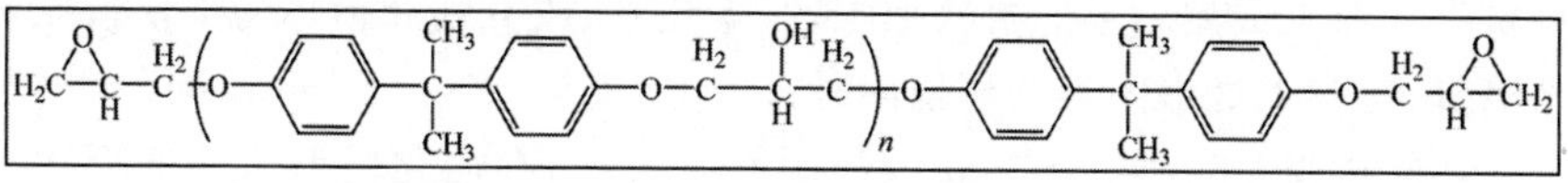

图 1.1 双酚 A 二缩水甘油醚环氧树脂预聚体的结构

未固化的环氧树脂被称为环氧预聚体,其分子量属于低聚物范围,具有热塑性。但环氧预聚体几乎没有使用价值,不能单独、直接使用,只有与不同的固化剂在室温或加热条件下发生交联反应,形成三维交联的不溶不熔的热固性聚合物后才能成为应用材料(具有通用材料的性能),才具有使用价值。因此,本书之后所提的环氧树脂均为固化后的环氧树脂。

常用的固化剂包括胺类、酸酐类、羧酸类等[3]。大部分固化剂都需在较高温度(100℃以上)下才能与环氧预聚体固化交联,只有少部分胺类固化剂可在常温下交联。高温固化分为两个阶段,一是预固化达到凝胶状态或稍高于凝胶的状态,二是高温下继续固化至完全交联的状态。诱导效应使环氧基的氧原子富集较多的负电荷,其末端的碳原子上则富集较多的正电荷。正负电荷的离域使环氧基团与酸酐类(亲电试剂)和胺类(亲核试剂)都能发生加成反应,使环氧基团开环并聚合。大多数固化剂参与加成聚合反应,即固化剂本身作为组成部分参与到三维网络结构中。

环氧树脂在固化后具有电绝缘性、高黏结性、尺寸稳定性(固化反应中收缩率小)、耐腐蚀性、优良力学性能等优点,作为涂料、胶黏剂、电子电器材料、土建材料等已被广泛应用于机械电子、航空航天、化学化工、船舶建筑、汽车军工、冶金轻工等领域[1,2,4-6]。其缺点是韧性差(个别品种除外),但可通过对环氧预聚体和固化剂的选择与改性加以克服。

### 1.1.2　环氧树脂的加工问题

高分子分为热塑性(thermoplastic)高分子和热固性(thermosetting)高分子两种。热塑性高分子(如聚乙烯、聚氯乙烯等)是线性的大分子,其分子链相互之间无化学键,在加热时软化并流动,冷却后变硬。这个过程为物理变化,可反复进行,即可通过加热-冷却来反复塑形。但热塑性高分子的热力学性能较差,在很多领域不能应用。而热固性材料(如聚氨酯、聚酰亚胺等)刚好相反,其力学性能、耐压耐热性很优异。但热固性材料在首次加工成型时因固化交联(发生化学反应)而变硬,这种变化是不可逆的。交联后的三维网状结构具有不溶不熔的特性,加热时不能软化流动。因此,热固性材料一旦加工成型后不能再次加工,其老化物、废弃物和损坏物不仅造成资源浪费,还带来处理困难的环境问题。

环氧树脂是一类三维交联的热固性高分子,在固化成型后不能再次加工。2011年,法国Leibler教授将酯交换动态共价键和加速酯交换反应的催化剂引入由脂肪酸或酸酐固化得到的环氧树脂交联网络中[7]。在高温下,快速的酯交换反应使交联网络的拓扑结构发生改变和重排,从而使材料具有黏弹性和"流动"性。这种"流动"性使材料在保持化学结构和性能完整的情况下具有可塑性和可再加工性能。Leibler教授将这种具有"流动"性质的热固性材料命名为"Vitrimer"[7-9]。由于Vitrimer在加工时,交联点密度不变,性质类似于高温下的无机玻璃,所以清华大学化学系张希院士将其译为"类玻璃高分子"[10]。虽然类玻璃高分子在高温下具有"流动"性,但由于它仍是三维的交联网络,在有机溶剂中溶胀而不溶解,在高温下能"流动"但不能熔化[7]。

高温黏弹性和流动性一直是热塑性材料的特性,热固性材料不具备该特性。因此,Leibler教授的报道引起了广大研究者的兴趣。目前已有不少研究将不同的酯交换催化剂引入不同的环氧树脂网络中,通过加热来实现不同的环氧树脂类玻璃高分子在成型后的再次加工和重塑形性能。

## 1.2　类玻璃高分子

### 1.2.1　动态共价网络

类玻璃高分子的交联网络中含有动态共价键(dynamic covalent bond),它在一般情况下很稳定,但在特定条件下能可逆地断裂和重新生成。

当动态共价键用于高分子材料的合成时,得到的动态共价高分子(dynamic covalent polymer)[11]既能在一定条件下表现出类似于传统非可逆共价键构成的高分子的稳定性,又能在一定刺激下像超分子聚合物一样具有动态的特性,即可在适当的条件下进行结构和成分的重组,且这种重组在聚合后也能发生。目前已有多种动态共价键被应用到高分子材料的合成与应用中,如酯键、二硫键、亚胺、席夫碱等[12-27]。

在化学结构和材料性能保持完整的情况下,不同交联点间的交换反应改变网络的拓扑结构,这种网络称为可调共价网络(covalent adaptable network,CAN)[11,28-29]。根据交换反应过程中交联点密度的改变与否,CAN大致可分为以下两类。

一类是交联点减少(先断开后异地生成)的CANs。这类CANs在网络改变时,交联点密度下降,犹如高分子网络"解聚",如图1.2(a)所示。这一类中最典型的是基于Diels-Alder反应的交联网络。Diels-Alder反应是一个可逆反应:温度相对较低时,发生正向成环反应;升高温度时,发生逆向分解反应,此时化学键断裂-重新生成的速率显著增加(图1.3)。基于Diels-Alder反应的材料在加热时,由于反应逆向移动,交联点密度下降,分子链段运动快且不受阻碍,拓扑网络迅速重排(应力松弛和"流动"),且黏度骤降。但降温后,交联点重新生成,最终交联点密度和最初的几乎一样,因此材料又具有最初的力学性能(如强度、硬度、拉伸性能)。

另一类是交联点不变(先生成,后非生成处断开)的CANs,这类CANs在网络改变时,交联点密度不变,如图1.2(b)所示。只有在新的共价键生成之后,旧的共价键才会断开,因此网络不发生"解聚"。这种网络就像一个动态体,交换反应时仍保持材料结构和性能的完整。类玻璃高分子就属于

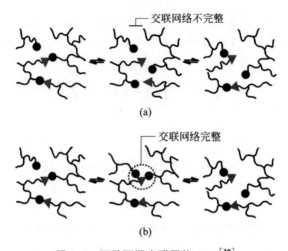

**图 1.2　两种可调交联网络 CAN[30]**

（a）交联密度下降的 CANs；（b）交联密度不变的 CANs

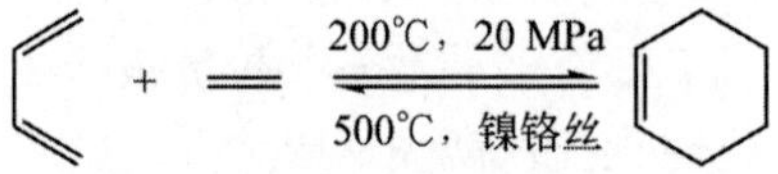

$$\text{(图 1.3 反应式)} \quad + \quad \xrightleftharpoons[500℃，镍铬丝]{200℃，20\ MPa}$$

**图 1.3　Diels-Alder 可逆反应示意图**

这一类 CANs。Leibler 教授对类玻璃高分子的定义中，交联密度不变是一个很重要的判断标准。

### 1.2.2　类玻璃高分子简介

　　环氧树脂类玻璃高分子在某个温度以下，拓扑网络是固定的；但在这个温度以上，快速的酯交换反应使拓扑网络像黏弹性流体（viscoelastic liquid）一样能"流动"。这个温度类似于玻璃化转变温度（glasstransition temperature，$T_g$）使高分子链段在运动和凝固之间可逆变化一样。因此，在类玻璃高分子中，除了玻璃化转变温度 $T_g$，还有一个由拓扑网络"凝固"产生的类似于 $T_g$ 的温度。这个温度被 Leibler 教授定义为拓扑网络凝固转变温度（topology freezing transition temperature，$T_v$）[7-9,31]。Leibler 教授认为，通常当一个材料的黏度达到 $10^{12}$ Pa·s 时，可认为发生了拓扑网络的凝固转变。因正在重组的拓扑网络比静态的拓扑网络有更高的膨胀系数[7]，所以可通过膨胀实验（dilatometry test）来测定 $T_v$。

　　类似于非晶态聚合物（图 1.4），类玻璃高分子在升温过程中也会经过玻璃态、高弹态和黏流态的转变。在 $T_g$ 以下，类玻璃高分子处于玻璃态，分子链和链段都不能运动，只是构成分子的原子（或基团）在其平衡位置振动；升温至 $T_g$ 以上时，分子链虽不能移动，但链段开始运动，表现出高弹性质；温度再升高至 $T_v$ 以上时，分子链运动，并加速交换反应。当交换反应所需的时间比材料形变所需的时间短时，交联网络的拓扑结构发生重排而"流动"，类似无定形聚合物的"黏流态"，如图 1.4 所示。

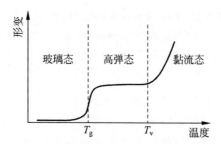

**图 1.4　非晶态聚合物的温度-形变曲线**

　　类玻璃高分子的两个转变温度（$T_g$ 与 $T_v$）之间的关系可分为两种[30]。①$T_g < T_v$。当材料温度介于两者之间时，即 $T_g < T < T_v$，由于交换反应非常缓慢，交联网络的结构仍是"锁住"的；当升温至高于 $T_v$ 时，即 $T > T_v$，交换反应加速，网络发生"流动"而重排。类玻璃高分子由玻璃态向高弹态再向黏流态转变的过程中（图 1.5（a）），黏度本质上是由交换反应控制，而交换反应本质上是由加热（温度）控制，因此由热导致的黏度变化遵循 Arrhenius 定律。②$T_g > T_v$。当材料温度介于两者之间时，即 $T_v < T < T_g$，由于高分子链段仍被"锁住"，交换反应很难发生；当继续升温至高于 $T_g$ 时，高分子链段运动才使得交换反应快速发生。这种情况下，类玻璃高分子由玻璃态固体向黏弹性流体转变的过程中（图 1.5（b）），黏度先由扩散定律（热塑性高分子熔化的 Williams-Landel-Ferry（WLF）定律）控制后由交换动力学（Arrhenius 定律）控制。在已有的研究报道中，类玻璃高分子的两个转变温度都为第一种情况，而第二种情况的 $T_v$ 为一种假设的状态。

　　设计合成类玻璃高分子材料时，通常要考虑这两个转变温度及影响这两个转变温度的因素，如交联密度、反应单体的刚性、交换反应的动力学（催化剂含量、种类等）和可交换键（或基团）的密度等。为了实现广泛应用，类玻璃高分子应该像传统热固性材料一样有较宽的温度使用范围，只有在特定温度范围内（如高温）网络才能改变和重排。

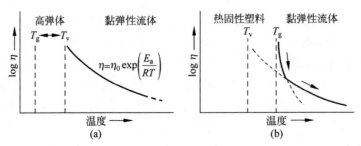

**图 1.5　类玻璃高分子的黏弹性行为的两种情况($T_g$＜$T_v$ 和 $T_g$＞$T_v$)[30]**

(a) $T_g$＜$T_v$ 时,类玻璃高分子由玻璃态向高弹态再向黏流态转变的过程中,黏度变化遵循 Arrhenius 定律;(b) $T_g$＞$T_v$ 时,类玻璃高分子由玻璃态固体向黏弹性流体转变的过程中,黏度先由扩散定律(WLF 定律)、后由 Arrhenius 定律控制

　　根据 Leibler 教授对类玻璃高分子的定义标准[7,31],类玻璃高分子是共价交联的网络,在交联密度不变的情况下,其拓扑网络通过交换反应发生改变,从而带来热塑性。目前符合这个定义标准的有三类类玻璃高分子(分别是基于酯交换、间乙烯胺酯的氨基交换、烷基交换的类玻璃高分子),还有一些只有部分性质符合此定义标准的高分子(如基于烯烃复分解、亚胺交换、二硫键交换的高分子),在这里也做了总结和归纳,具体如下。

### 1.2.3　基于酯交换反应的类玻璃高分子

　　酯交换反应(transesterification)是酯与醇(或酸、酯)在催化剂(酸或碱)或加热条件下生成新酯和新醇(或酸、酯)的反应,如图 1.6 所示。碱性催化剂(如胺、有机磷类催化剂)催化的酯交换反应具有反应条件温和、反应速度快、用量少、对反应器皿的腐蚀性比酸性催化剂小等特点。因此,碱性催化剂是目前酯交换反应使用最广泛的催化剂。在近年来的研究中,酯交换反应在特殊的碱性催化剂(如 1,5,7-三氮杂二环[4.4.0]癸-5-烯(TBD)、醋酸锌等)下,在高温即可快速发生[7,31]。

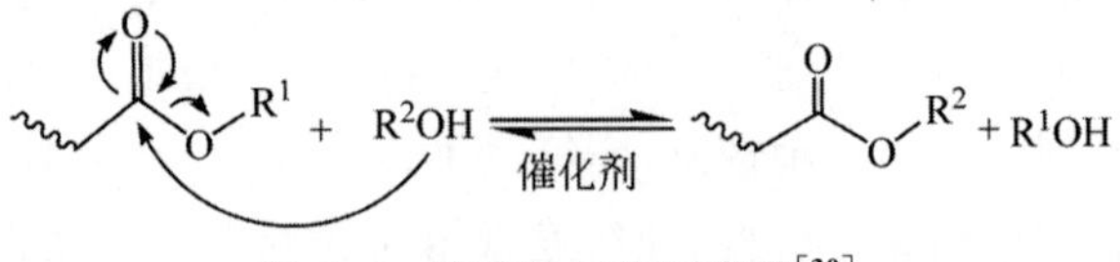

**图 1.6　酯交换反应示意图[30]**

　　Leibler 教授最初就是在酯交换反应基础上提出类玻璃高分子(Vitrimer)概念的[7]。双酚 A 二缩水甘油醚与酸酐或脂肪族二元酸(投料物质的量比为 1∶1)在酯交换催化剂(醋酸锌、乙酰乙酸锌)作用下固化得

到热固性环氧树脂。一当量的环氧基与一当量的羧基反应生成一当量的酯
基和一当量的羟基,因此在三维交联网络中有大量的酯键和羟基,这两者在
固化过程和成型后的再加工过程都会参与酯交换反应(图 1.7)。得到的类
玻璃高分子在室温下由于酯交换反应非常缓慢(可忽略),具有和普通热固
性材料一样优异的性能;但在高温下(高于 $T_v$),快速的酯交换反应使交联
网络的结构发生重排,从而实现了热固性材料在成型后可锻造、可回收和可
焊接等性能[7-8,31]。

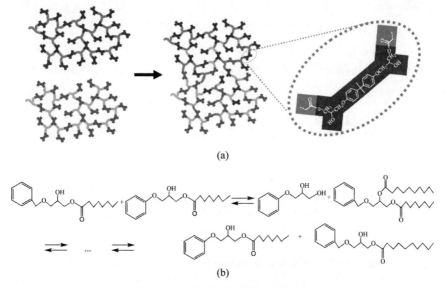

**图 1.7 热固性环氧树脂的可塑性**

(a) 酯交换反应致使拓扑网络结构变化的示意图;(b) 酯交换反应示意图[8]

Hillmyer 等研究者制备了异氰酸酯基酯交换类玻璃高分子[32]。该体
系中,二辛基锌(Sn(oct)$_2$)作为催化剂既催化聚合反应,又催化酯交换反
应。因交联网络中的酯键数量很多,又或因催化剂活性可能更高,相比于环
氧树脂类玻璃高分子,异氰酸酯基类玻璃高分子的松弛时间极短(在 140℃
时,松弛时间为 50 s)。且异氰酸酯基与羟基的投料比可为任意比,甚至只
有极少的游离羟基时,松弛时间也非常短。从这个体系可以看出,除了自由
羟基的数量,酯键的含量也会在很大程度上影响松弛时间[32]。

## 1.2.4 基于氨基交换反应的聚间乙烯胺酯类玻璃高分子

Prez 等研究者报道了一种无须催化剂就能发生氨基交换反应

(transamination)的聚间乙烯胺酯(vinylogous urethane)类玻璃高分子[33]。该类玻璃高分子可以通过乙酰乙酸盐与二级胺单体自发的缩聚反应来制备,如图1.8(a)所示。从热力学的角度来看,C—N键的交换反应与酰胺键或氨酯键类似,因为交换过程中都生成C=C中间产物,C=C键与羰基形成电子共轭结构(参考插烯原理,vinylogy principle[34])。因此,当反应原料的当量比不同时,交联网络中多余的游离胺可以发生转氨反应。聚间乙烯胺酯类玻璃高分子具有优异的力学性能。且因为体系中含有较高密度的聚氨酯和较低的活化能(60 kJ/mol),聚间乙烯胺酯类玻璃高分子的松弛时间比环氧树脂类玻璃高分子短很多(在150℃下,约3 min松弛)[33]。

尽管聚间乙烯胺酯类玻璃高分子具有优异的性能,但因交联网络中含有过量的胺,其稳定性(可能会被氧化)对于材料的长期应用有潜在的威胁。

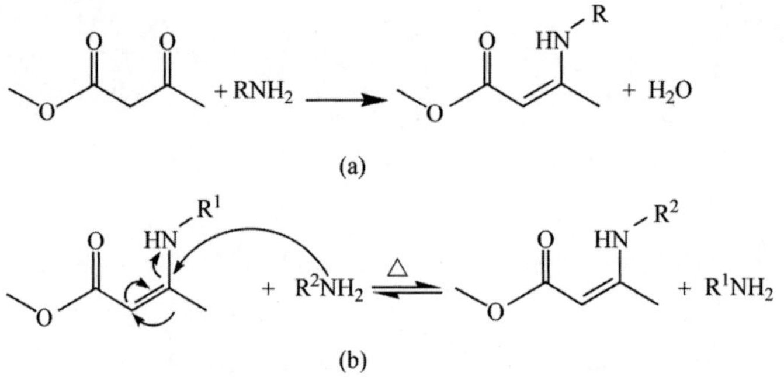

(a)

(b)

图1.8　聚间乙烯胺酯类玻璃高分子的合成和交换反应示意图

(a) 聚间乙烯胺酯(vinylogous urethane)的合成;(b) 聚间乙烯胺酯和胺通过迈克加成的交换反应(无须催化剂、100℃以上)[33]

## 1.2.5　基于烷基交换反应的三唑鎓盐类玻璃高分子

Drockenmuller等研究者报道了一种基于烷基交换反应的类玻璃高分子材料[35]。该类玻璃高分子网络是通过α-叠氮基-ω-炔烃单体与双官能团的烷基化试剂(如二溴和二碘的烷基或烷基甲磺酸)一锅法加聚同时交联反应合成的,如图1.9(a)所示。得到的交联网络中含有1,2,3-三唑鎓盐、三唑啉和烷基卤化物的长链取代基。三唑鎓盐类玻璃高分子的交换反应活化能为140 kJ/mol,应力松弛时间遵循Arrhenius定律。在130℃时,网络的松弛时间较短(30 min);当升温至200℃时,松弛时间更短(几秒)。三唑鎓盐类玻璃高分子的松弛时间("流动"性)可用不同的反离子来控制,因为反离子能带来更快的应力松弛($Br^- \gg I^- > MsO^-$)。目前,该网络的交换反应机理尚不清楚,推测的可能机理如图 1.9(b)所示。

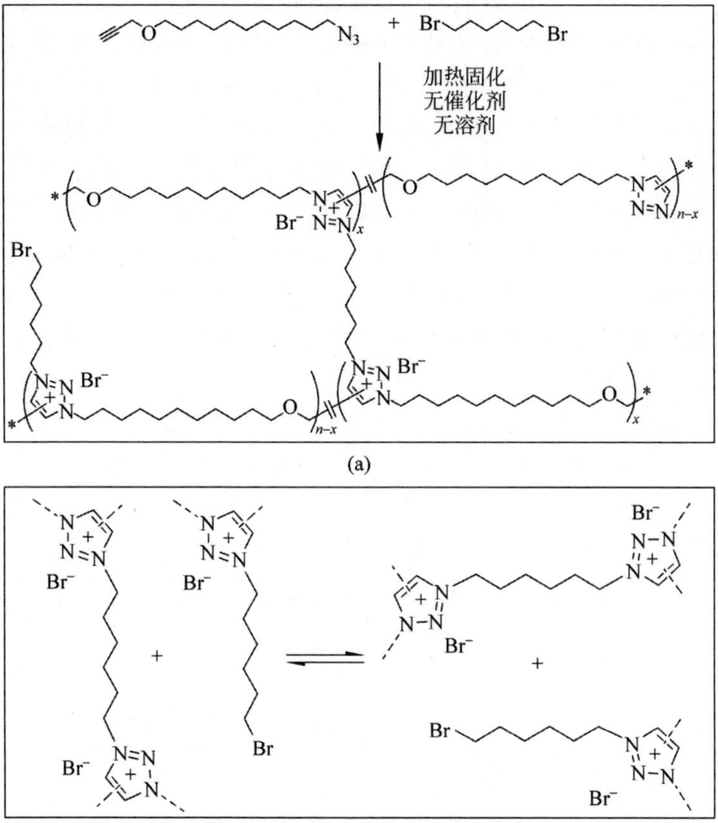

(a)

(b)

**图 1.9　三唑鎓盐类玻璃高分子的合成和交换反应示意图**

(a) 三唑鎓盐类玻璃高分子交联网络的制备;(b) 烷基交换反应的可能机理[35]

虽然三唑鎓盐多离子网络的聚合反应具有简单、无须溶剂、无须催化剂、一锅法合成的优点,且多离子材料的导电性能为材料提供潜在的应用,但相比于前面两种类玻璃高分子,这类类玻璃高分子的可扩展性低、成本高、原料(叠氮化物、烷基化试剂)危险,不利于大量制备和生产。

## 1.2.6　含有烯烃复分解交换反应的动态共价高分子

烯烃复分解反应是合成 C ═C 键的有利工具[36-38],广泛应用于开环复分解聚合反应(opening metathesis polymerisation)。因为缺少内部驱动力,烯烃复分解反应在高分子合成方面应用较少。但正因为类玻璃高分子拓扑网络的重排不需要驱动力,烯烃复分解反应用于合成类玻璃高分子将更具优势。Guan 等研究者证明了这个观点。

Guan 等研究者先用过氧化苯甲酰激发得到自由基,使聚丁二烯交联聚合得到交联网络,再将二代 Grubbs 催化剂溶胀加入材料中(二代 Grubbs催化剂与交联反应条件不兼容,所以通过溶胀引入)[23,39]。相比于其他传统的复分解反应催化剂,二代 Grubbs 催化剂具有优异的稳定性(对空气、湿度都很稳定)和良好的功能基团兼容性[40]。得到的钌键合的弹性网络在室温下发生快速的交换反应(图 1.10),因此该材料在室温下即可自愈合。但也由于快速的交换反应,材料在室温下有明显的应力松弛和蠕变现象,其加工性能和应用也将因此受到影响。另外,材料的"流动"性可由催化剂浓度控制。

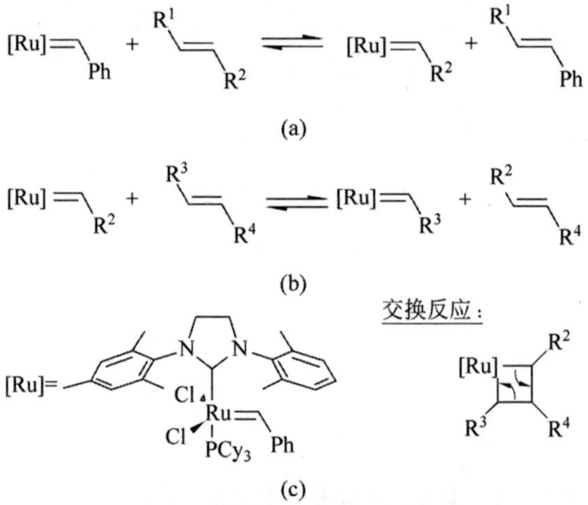

**图 1.10 烯烃复分解交换反应**

(a) 第二代 Grubbs 催化剂插入一个烷基链;(b) 两个烯烃的交换反应;(c) 左为第二代 Grubbs 催化剂的结构,右为交联密度不变的复分解反应的交换机理[23,39]

## 1.2.7 含有亚胺交换反应的动态共价高分子

高分子化学中亚胺的动态性质既包括交联点密度下降的可逆的亚胺形成-水解反应(图 1.11(a))[17,41-42],又包括无水时交联点反应密度不变的胺转换(图 1.11(b))和亚胺复分解反应(图 1.11(c))[43-44]。Zhang 等研究者用商业化产品醛与二元胺、三元胺在溶剂中缩聚得到一种基于亚胺交换反应的动态交联网络。该网络具有可锻造性和可回收利用性能[45]。其应力松弛(黏度)和类玻璃高分子一样遵循 Arrhenius 定律。虽然该材料的"流动"性归因于亚胺复分解反应(图 1.11(c)),但快速的应力松弛(80℃下 30 min 可松弛 90%)是由形成中间产物缩醛胺后快速的亚胺加成-消除交换反应(图 1.11(b))导致的。

　　Di Stefano 等研究者证明非常少量的胺也能引发与亚胺快速的加成-消去交换反应[43]。且转胺反应也能解释水诱导的应力松弛(图 1.11(a))和自由胺诱导的转氨反应(图 1.11(b)),使网络进行高效的重排。虽然亚胺动态交联网络在室温下可用水来控制再加工,但这种材料对水的敏感性还是不可避免地会影响其力学性能和应用范围。

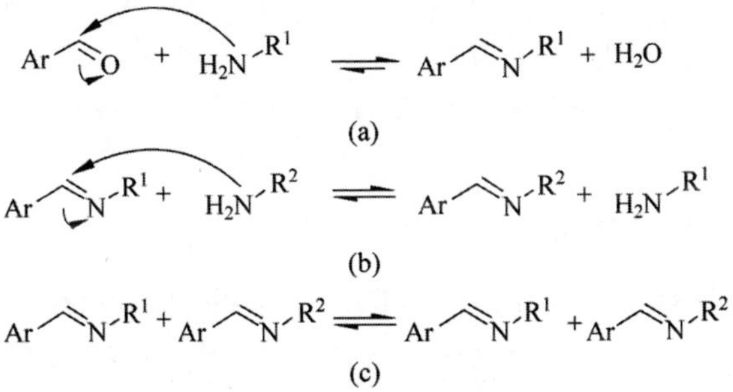

**图 1.11　亚胺的动态性质**
(a) 亚胺形成的平衡反应;(b) 亚胺和胺的氨基交换反应;(c) 亚胺交换反应[30]

## 1.2.8　含有二硫键交换反应的动态共价高分子

　　二硫键在硫化橡胶化工领域有着重要的应用[46],其动态性质也被广泛研究[46-48]。二硫键的交换反应是一个相对复杂的过程,反应条件和交换模式不同时,反应机理也不同。其中最简单的一种交换模式是二硫键先被还原成两个硫醇,再被氧化[48];或者二硫化物在紫外光[49]、剪切力或加热条件下[46]可逆地均裂成稳定的硫元素再交换。理论上该交换反应也可和其他自由的硫醇发生加成/消去置换反应。

　　Goossens 和 Klumperman 等研究者报道了一种碱催化硫醇与二硫化物交换的动态网络[48,50-51]。虽然该网络具有自愈性能,但交换反应所需的自由硫醇在空气中易被氧化,因此其动态性质在长时间后会有明显的衰退现象。

　　另外,Odriozola 等研究者用芳香二硫化物复分解反应证明了聚脲-氨酯网络弹性体也具有可加工性能[47]。动态氢键的形成和网络拓扑的重组（图 1.12）使聚脲-氨酯弹性体在室温下即可自愈。大量研究表明，二硫交换反应在室温下可快速发生，但由于聚脲氨酯网络中尿素基上的四倍 H 键阻止网络在低温下"流动"，所以该网络在室温下应力松弛缓慢。在室温下给予线性范围内的形变时，只能观察到很小的应力松弛。因为这两种松弛效应会相互叠加和影响，因此聚脲氨酯材料的黏弹性质比只有一种简单松弛过程的类玻璃高分子更复杂。

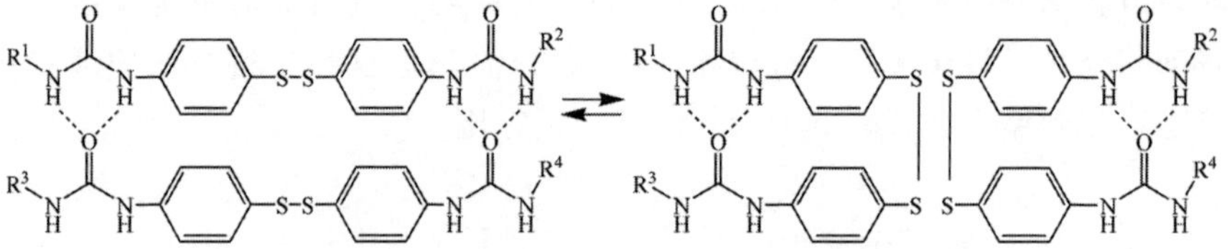

**图 1.12　芳香二硫化物在室温下无须催化剂的交换反应**[47]

### 1.2.9　类玻璃高分子的总结和展望

过去高分子材料根据其热学性能分为热固性和热塑性两类。自从类玻璃高分子概念提出后，第三种分类就诞生了。理想化地说，类玻璃高分子在室温下是传统的、不熔不溶的静态高分子交联网络，但加热后，交换反应使材料能"流动"。因"流动"受化学交换反应的控制，类玻璃高分子的黏度呈 Arrhenius 定律趋势的减小。根据过去对硅玻璃的特征定义，类玻璃高分子是第一种报道的有机玻璃模型。

类玻璃高分子为热固性材料在成型之后的再加工、重塑形、回收利用等提供了新方法，更为环氧树脂在成型后的再加工性提供了可能。

但是理想的类玻璃高分子，其交换反应的动力学应该是可预测和可控的，这需要研究者更深一步的研究和探索。而且类玻璃高分子或许应不拘于共价键，也可拓展到超分子键。

## 1.3　环氧树脂类玻璃高分子

### 1.3.1　研究现状

如前所述，2011 年，Leibler 教授等研究的环氧树脂类玻璃高分子在高温下具有可塑性和再加工性能，如图 1.7 所示[7,31]。

随后,他们比较了不同酯交换催化剂及其含量对酯交换反应和材料性能的影响。他们分别将三苯基膦(PPh$_3$,triphenylphosphine)、1,5,7-三氮杂二环[4.4.0]癸-5-烯(TBD,1,5,7-triazabicyclo [4.4.0] dec-5-ene)、醋酸锌(Zn(OAc)$_2$,zinc(Ⅱ) acetate)(三种催化剂的分子式如图 1.13 所示)催化剂引入,得到三种含有不同催化剂的环氧树脂类玻璃高分子[31]。三种交联网络的反应活化能分别为 106 kJ/mol、86 kJ/mol 和 43 kJ/mol,且催化剂可直接控制酯交换反应的动力学。改变催化剂的种类和含量,能在几乎保持材料性能的条件下改变酯交换反应的速率,并且能控制和改变反应活化能、$T_v$ 和 $T_v$ 的范围。这为热固性材料在很宽的温度范围内愈合、再加工提供了新的可能。

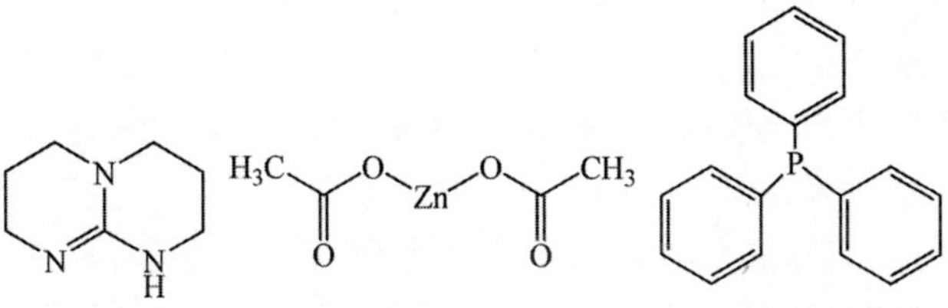

**图 1.13　三种酯交换催化剂的结构示意图**

总体来看,关于环氧树脂类玻璃高分子的报道还很少。但环氧树脂类玻璃高分子具有合成简单、原料多样性等优点,在工业中具有潜在的应用价值。

## 1.3.2　存在的问题

虽然环氧树脂类玻璃高分子有优异的可再加工性能,但环氧树脂类玻璃高分子要用于实际还存在很多缺点和不足,具体如下:

(1)目前已有的利用酯交换动态共价键对高分子交联网络进行可塑和重新构建都是通过加热来实现的,而在很多情况下加热不适用,如材料用于电子器件、材料本身体积较大、形状不规则时,或需要快速降温时。因此,环氧树脂基类玻璃高分子材料的其他刺激响应(光响应、电响应等)需要被开发。

(2)催化剂老化或浸出和酯键水解对环氧树脂类玻璃高分子材料的长期稳定性影响很大。尤其是亲水或有吸水性的聚交酯/氨酯交联网络在应用过程中具有很大的局限性。

（3）目前酯交换类玻璃高分子材料基本停留在实验研究阶段，缺少理论研究来洞悉其动态性能、预测和控制其交换反应的动力学。

为了环氧树脂类玻璃高分子材料能尽早在工业上应用，以上缺点和不足亟需解决。

### 1.3.3　本书研究主题的引出

本书主要针对 1.3.2 节中的第一个问题，提出解决思路。如上所述，现有的环氧树脂类玻璃高分子都是通过直接加热来激活网络中的酯交换反应，从而改变网络拓扑结构，赋予环氧树脂的再加工、重塑形、焊接等性能。虽然加热是常用的刺激方法，但它在实际的应用中可操作性较差：对于用于电子器件的材料，高温加热不仅会影响电子器件的性能，还存在安全隐患；如果材料只需局部重塑形，直接加热无法准确控制加热范围，可能影响其他部分的形状和性能；当材料体积较大或形状不规则时，需要很长时间的加热才能使整体达到均一的温度；快速的降温则是一个更大的问题。因此，加热塑形在实际应用中有很多局限性，可开发其他刺激源代替加热，如光、电、磁、pH 值等，其中光具有清洁、易控、可远程和局部控制等优点，在外界刺激响应研究中备受研究者的青睐。

目前还没有用光来控制环氧树脂类玻璃高分子的再加工和重塑形的研究报道，但是若能用光来控制，不仅能避免直接加热带来的不足，还能实现远程、局部、原位的控制，这无疑会让环氧树脂的再加工性和回收利用性能更好地应用于实际。实现材料的光响应一般有两种方法，即引入光异构化基团和光吸收剂。光异构化基团大多为偶氮基团。将偶氮基团设计在高分子交联网络的主链上，在紫外光照下，偶氮基团由反式结构向顺式结构转变，并带动高分子链运动，使材料发生形变。但受限于偶氮基团本身的结构特点，这种形变比较小，且紫外光对人体有害，因此第二种方法——引入光吸收剂更受青睐。

目前研究较广的光吸收剂主要是碳纳米管、石墨烯、碳黑、二氧化三铁等。其中碳纳米管（carbon nanotube，CNT）是一种典型的一维纳米材料，其长径比和表面积很大（径向尺寸较小，直径一般为纳米级，长度一般为微米级）。无论是多壁碳纳米管还是单壁碳纳米管，都具有优异的力学、光学、电学和机械性能，还有显著的热稳定性和化学稳定性等优点。已有不少研究将碳纳米管分散到高分子材料中，来增强材料的热学、电学和机械性能。更重要的是，碳纳米管一直被视为纳米尺度的热源。因为碳纳米管具有很强的光热效应,它能吸收几乎所有波长的光并将光能转化为热能,所以碳纳米管可用来引发基质材料的光响应[52]。碳纳米管的光热效应已被广泛研究,用来杀死癌细胞[53-56]、驱动机械运动[57-61]、将光热能转化为电能[62]等。大量研究表明,碳纳米管在高分子材料中分散困难一直是碳纳米管复合材料的困扰,但是目前各种助分散剂和分散方法已经很大程度上能使碳纳米管分散得较均匀。

因此,本书提出若能将碳纳米管引入环氧树脂类玻璃高分子中,利用碳纳米管的强光热效应来激活网络中的酯交换反应,改变拓扑结构,就有望能用光来控制环氧树脂类玻璃高分子在成型后的再次加工性能。而且,局部、远程的光照还能实现材料局部的再加工,这为简单的和复杂的动态三维结构(dynamic 3D structure,能感知外界刺激并发生可逆驱动的三维结构)的制备、变形、愈合等提供了契机。

但是如果环氧树脂类玻璃高分子材料中一直都含有光热响应物质,那么它会因长期太阳光或日光灯的照射而处于持续高温的状态。这不仅会加快环氧树脂类玻璃高分子材料老化,也带来安全隐患,例如当它用于电子器件时,持续的高温会给使用带来安全风险。因此,最好是需要光热效应时,光热物质存在;而不需要光热效应时,光热物质可被擦除。但偶氮基团是在最初的材料制备过程引入交联网络中,而碳纳米管是在最初的材料制备过程分散在材料内部,引入后都无法擦除。因此,本书也期望能开发其他的新的光热转换物质来实现这个可按需引入(此时有光响应性)、按它需擦除(此时无光响应性,为光惰性)的性能,即能在光响应和光惰性之间可逆切换。

## 1.4　本书的设计思想和研究内容

综上所述,环氧树脂是一类在现实生活中已有广泛应用的热固性材料,但由于其不溶不熔的性质,环氧树脂在加工成型后很难再次加工和重复利用。研究者将酯交换动态共价键引入环氧树脂中,得到的环氧树脂类玻璃高分子材料不仅和传统热固性材料一样性能优异,还能在成型后再次加工和重塑形。但目前已有环氧树脂类玻璃高分子材料的再加工性能都是通过加热来实现的。如前所述,加热在很多场合不适用。若能用光(尤其是太阳光)代替热来控制环氧树脂类玻璃高分子材料的再加工性能,不仅能避免直接加热带来的缺点,还能实现远程、局部、原位的控制。此外,长期的光照会使具有光热效应的环氧树脂类玻璃高分子材料处于持续高温的状态,影响材料性能。若能在光响应和光惰性之间可逆切换,不仅能增加环氧树脂的性能,还能拓宽其应用范围。

因此,本书提出通过合适的合成设计,用光代替热作为刺激源,期望实现:①用光简单、方便地控制环氧树脂类玻璃高分子材料在成型后的再加工性能;②利用光可远程、局部照射的优点,制备同时具有多种优异性能的复杂动态三维结构和材料;③环氧树脂类玻璃高分子材料不仅具有太阳光响应,还能在光响应和光惰性之间可逆、任意切换。

本书仍用含有酯交换动态共价键的环氧树脂类玻璃高分子材料作为研究基础,围绕光响应和可再加工性能对传统环氧树脂进行新性能探索研究,主要围绕以下三个问题展开实验:

(1) 先将具有光热效应的碳纳米管引入普通双酚 A 型环氧树脂类玻璃高分子中,得到光响应环氧树脂类玻璃高分子材料后,研究其是否具有可塑性和光控再加工性能;

(2) 再将具有光热效应的碳纳米管引入液晶型环氧树脂类玻璃高分子中,得到光响应液晶环氧树脂类玻璃高分子材料后,研究其能否结合液晶环氧树脂的可逆驱动,用光控制动态三维结构的制备、变形、愈合、焊接、恢复、驱动等性能;

(3) 最后开发、研究一种新型的具有光热效应的光吸收物质,研究其是否能对真实太阳光具有响应性,并研究其能否在光响应和光惰性之间可逆驱动。

针对上述三个问题,本书的主要研究内容有:

(1) 先将具有光热效应的碳纳米管引入普通双酚 A 型环氧树脂类玻璃高分子中,得到环氧树脂类玻璃高分子材料后,证实其具有光响应和可塑性,再研究环氧树脂类玻璃高分子是否具有光控再加工性能(包括光控焊接、重塑形、愈合等);

(2) 再将具有光热效应的碳纳米管引入液晶型环氧树脂类玻璃高分子中,得到液晶环氧树脂类玻璃高分子材料后,证实其具有光响应和可塑性,再研究其能否结合液晶环氧树脂的可逆驱动,用光控制动态三维结构的制备、变形、愈合、焊接、恢复、驱动等性能;

(3) 发现一种新型的具有光热效应的物质——有机无机杂化钙钛矿材料 $CH_3NH_3PbI_3$,并将其引入具有形状记忆功能的普通双酚 A 型环氧树脂中,研究复合材料的太阳光响应性,并利用 $CH_3NH_3PbI_3$ 的不稳定性,研究其在光响应与光惰性之间可逆切换的性能。

# 第2章 碳纳米管-普通环氧树脂基类玻璃高分子复合材料

环氧树脂具有优异的稳定性、耐腐蚀性、电绝缘性、高黏结性等性能,作为涂料、胶黏剂、电子电器材料等广泛应用于机械电子、航空航天、船舶建筑、汽车军工、冶金轻工等领域[1,2,4-6,63]。

由于固化后的环氧树脂是三维的交联网络,具有不溶不熔的性质。一旦其加工成型之后,很难再次加工和重复利用。这在很大程度上限制了环氧树脂的应用,也造成了资源的浪费。2011年,Leibler教授等研究者将可逆酯交换反应引入环氧树脂中,得到环氧树脂类玻璃高分子,首次实现了热固性环氧树脂类玻璃高分子材料在成型后的重新塑形和再加工性能,引领了一系列对环氧树脂再次加工的研究潮流。

在目前已有的研究报道中,对环氧树脂再次加工和重塑形都是通过加热来实现的,即在酯交换催化剂的存在下,高温诱导酯交换反应的快速发生,酯键断裂和重组,使拓扑网络发生改变,从而能塑形和再次加工。但加热在很多情况下不适用,例如当材料用于电子器件,或材料本身含有热敏基团,或材料本身体积较大、形状不规则,或只需局部加热时。光(可见光、紫外光、红外光、太阳光等)具有易控、能局部和远程控制等优点。若用光代替热作为刺激源,不仅能避免通过直接加热带来的一些不足,还能实现远程、局部、原位的光照。

如前言所述,CNT具有很强的光热效应,它能吸收几乎所有波长的光并将光能转化为热能,因此CNT一直被视为纳米尺度的热源,可用来引发基质材料的光响应[52]。其光热效应已被广泛研究用来杀死癌细胞[53-56]、驱动机械运动[57-61]、将光热能转化为电能[62]等,但通过CNT来引发化学反应还未被报道,且用光来远程、局部控制环氧树脂的塑形、再次加工也还未能实现。

在本章研究中,通过将CNT引入环氧树脂类玻璃高分子(含有酯交换动态共价键)中,构建了碳纳米管-普通环氧树脂类玻璃高分子复合材料(CNT-Vitrimer),利用CNT的光热效应,激发快速的酯交换反应,使材料的三维拓扑网络在光照下发生"流动"而改变,实现环氧树脂远程、局部、高效的光控再加工性能(可塑、焊接、愈合、重复利用等)。

# 2.1　材料制备

## 2.1.1　药品和试剂

表 2.1　实验所用药品和试剂

| 药品或试剂名称 | 纯度 | 药品或试剂公司 | 用　　法 |
|---|---|---|---|
| 双酚 A 二缩水甘油醚 | DER 332 | Sigma-Aldrich | 干燥保存,直接使用 |
| 己二酸 | >99.0% | TCI Chemicals | 干燥保存,直接使用 |
| 1,5,7-三叠氮双环[4.4.0]癸-5-烯(TBD) | >98.0% | TCI Chemicals | 干燥保存,直接使用 |
| 多壁碳纳米管(CNT) | >98% | 中国科学院成都有机化学有限公司 | 干燥保存,直接使用 |
| 三氯甲烷 | AR | 北京化工厂 | 直接使用 |
| $PIM_1$ | 无 | 剑桥大学物理系提供 | 直接使用 |
| 1,2,4-三氯苯 | 99% | 阿拉丁 | 直接使用 |
| 聚乙烯 | 无 | 源于塑料滴管 | 直接使用 |

## 2.1.2　仪器

表 2.2　实验所用仪器

| 仪器名称 | 名称缩写 | 仪器公司 | 仪器型号 |
|---|---|---|---|
| 台式粉末压片机 | 无 | 天津市思创精实科技发展有限公司 | FY-15 |
| 傅里叶转换红外光谱仪 | FT-IR | Perkin Elmer | Spectrum 100 |
| 差示扫描量热仪 | DSC | TA Instruments | Q2000 |
| 热失重分析仪 | TGA | TA Instruments | Q50 |
| 动态机械分析仪 | DMA | TA Instruments | Q800 |
| 流变仪 | 无 | TA Instruments | ARG2 |
| 偏光显微镜 | POM | Nikon | ECLLIPS LV100P0L |
| 热台 | 无 | Linkam | LTS420E |
| 数显智能控温磁力搅拌器(加热套) | 无 | 巩义市予华仪器有限责任公司 | SZCL-2 |

续表

| 仪器名称 | 名称缩写 | 仪器公司 | 仪器型号 |
|---|---|---|---|
| 红外激光光源 | 无 | 海特光电有限责任公司 | LOS-BLD-0808-10W |
| 超声波细胞粉碎仪 | 无 | SCIENTZ | ⅡD |

### 2.1.3　制备方法

#### 2.1.3.1　CNT-Vitrimer 复合材料的制备

本书研究中使用的 CNT 均为多壁碳纳米管（后续简称为碳纳米管 CNT）。大量研究表明，碳纳米管在高分子体系中分散困难，易团聚[27,64-65]，然而本书中实验表明用 PIM₁（该分子中本身含有多微孔结构[66]，其结构如图 2.1 所示）作为分散剂时，碳纳米管在反应混合物中分散较好。因此，后续实验中使用 PIM₁ 作为碳纳米管的助分散剂，用脂肪族二酸（己二酸）作为固化剂，用 TBD 作为酯交换反应的催化剂来制备材料。

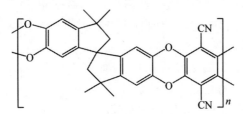

**图 2.1　分散剂 PIM₁ 分子式**

具体的合成步骤如下：

（1）分散 CNT。将 5 mg CNT 和 5 mg PIM₁（CNT 与 PIM₁ 等量，为双酚 A 二缩水甘油醚和己二酸质量总和的 1%）加入 4 mL 三氯甲烷中，将混合物放入细胞粉碎仪中超声 30 min 使 CNT 与 PIM₁ 充分混匀后，在 100℃的热台上快速挥发三氯甲烷溶剂，使混合均匀的 CNT 与 PIM₁ 不出现相分离。

（2）合成复合材料。反应方程式如图 2.2 所示，将 0.34 g（1 mmol）双酚 A 二缩水甘油醚和 0.146 g（1 mmol）己二酸、步骤（1）中的 CNT 与 PIM₁ 的混合物置于覆盖有聚四氟乙烯膜的培养皿中，于加热套中熔融（约 180℃），并轻轻搅拌使其混合均匀。再加入 13.9 mg（0.1 mmol，5% 环氧基或羧基当量)TBD,边加入边搅拌使混合物混合均匀,待反应体系黏度增大(黏度很大但还未反应至固体、可以拉丝时)取出稍冷,将预聚物放在两层聚四氟乙烯膜中,用不同厚度的锡纸作为垫片来控制薄膜厚度,在压片机中(4 MPa、180℃)固化 4.5 h,即得到目标厚度的 CNT-Vitrimer 薄膜。

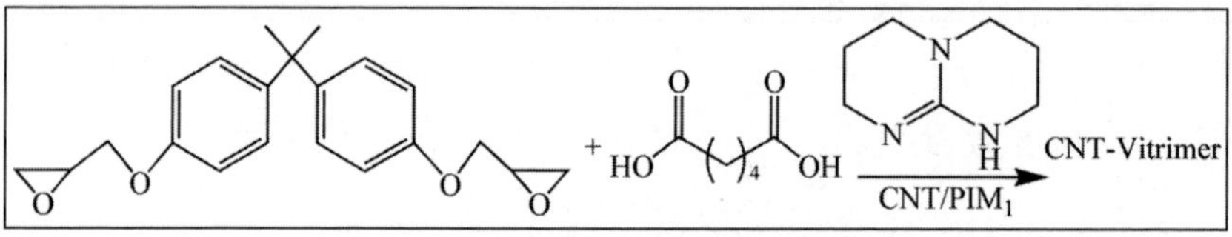

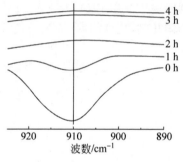

**图 2.2　CNT-Vitrimer 的合成方程式**

　　为了优化反应条件,对反应时间、反应温度、催化剂投料比、CNT 投料比、PIM$_1$ 投料比 5 个工艺参数进行优化。通过文献调研与实践操作,确定反应温度为 180℃。通过用傅里叶转换红外光谱仪监测双酚 A 二缩水甘油醚中环氧基团在 912 cm$^{-1}$ 特征峰的消失来确定反应时间,从图 2.3 可以看出,特征峰在 180℃下反应 2 h 就已经消失,但是为了反应更充分,将反应时间延长至 4.5 h。通过后期的焊接效果确定 TBD 催化剂和 CNT 的最佳投料比。确定 CNT 投料比后,通过显微镜观察 CNT 的分散(聚集)情况确定 PIM$_1$ 的投料比。最终确定双酚 A 二缩水甘油醚与脂肪族二酸固化的工艺条件为:双酚 A 二缩水

**图 2.3　环氧基团特征吸收峰的红外图**

甘油醚与己二酸投料比为物质的量比 1∶1;TBD 催化剂为环氧基团的物质的量比 5%;CNT 与 PIM$_1$ 的投料质量相同,均为双酚 A 二缩水甘油醚与己二酸质量和的 1%;反应时间为 4.5 h;反应温度为 180℃。

### 2.1.3.2　不含 TBD 催化剂的 CNT-epoxy 的制备

　　不含 TBD 催化剂的对照组 CNT-epoxy 的制备步骤为:

　　(1) 分散碳纳米管。将 5 mg CNT 和 5 mg PIM$_1$(CNT 与 PIM$_1$ 等量,为环氧与酸质量总和的 1 wt%)加入 4 mL 三氯甲烷中,将混合物放入细胞粉碎仪中超声 30 min 使 CNT 与 PIM$_1$ 充分混匀后,在 100℃的热台上快速挥发三氯甲烷溶剂,使混合均匀的 CNT 与 PIM$_1$ 不出现相分离。

(2) 合成复合材料。将 0.34 g(1 mmol)双酚 A 二缩水甘油醚和 0.146 g(1 mmol)己二酸、步骤(1)中的 CNT 与 $PIM_1$ 的混合物置于覆盖有聚四氟乙烯膜的培养皿中,于加热套中熔融(约 180℃),并轻轻搅拌使其混合均匀。保持 180℃反应至体系黏度增大(黏度很大但还未反应至固体、可以拉丝时)取出稍冷,将预聚物放在两层聚四氟乙烯膜中,用不同厚度的锡纸作为垫片来控制薄膜厚度,在压片机中(4 MPa、180℃)固化 6 h(因没有催化剂,为了充分反应,此处反应时间为 6 h),即得到目标厚度的 CNT-epoxy 薄膜。

### 2.1.3.3　不含 CNT 的 Vitrimer 的制备

不含 CNT 的 Vitrimer 的制备步骤[31]为:将 0.34 g(1 mmol)双酚 A 二缩水甘油醚和 0.146 g(1 mmol)己二酸置于覆盖有聚四氟乙烯膜的培养皿中,于加热套中熔融(约 180℃),并轻轻搅拌使其混合均匀。再加入 13.9 mg(0.1 mmol,5%环氧基或羧基当量)TBD,边加入边搅拌使混合物混合均匀,待反应体系黏度增大(黏度很大但还未反应至固体、可以拉丝时)取出稍冷,将预聚物放在两层聚四氟乙烯膜中,用不同厚度的锡纸作为垫片来控制薄膜厚度,在压片机中(4 MPa、180℃)固化 4.5 h,即得到目标厚度的 Vitrimer 薄膜。

### 2.1.3.4　不含 CNT 和 TBD 催化剂的普通环氧树脂的制备

不含 CNT、TBD 催化剂的普通环氧树脂的制备步骤为:将 0.34 g(1 mmol)双酚 A 二缩水甘油醚和 0.146 g(1 mmol)己二酸置于覆盖有聚四氟乙烯膜的培养皿中,于加热套中熔融(约 180℃),并轻轻搅拌使其混合均匀。保持 180℃反应至体系黏度增大(黏度很大但还未反应至固体、可以拉丝时)取出稍冷,将预聚物放在两层聚四氟乙烯膜中,用不同厚度的锡纸作为垫片来控制薄膜厚度,在压片机中(4 MPa、180℃)固化 6 h(因没有催化剂,为了充分反应,此处反应时间为 6 h),即得到目标厚度的普通 epoxy 薄膜。

## 2.2　CNT-Vitrimer 的溶胀性质和热学性能

### 2.2.1　溶胀性质

首先对材料的三维网络结构进行溶胀实验表征。如图 2.4 所示,裁剪一块 CNT-Vitrimer 材料(图 2.4(a)),测量其在溶胀前的初始尺寸。将其放置在装有适量 1,2,4-三氯苯的样品瓶中,升温至 100℃加热 1 h 后,将材料取出快速测量其尺寸并放回样品瓶中,继续分别在 120℃加热 1 h、140℃加热 1 h、160℃加热 1 h,并分别对材料的尺寸进行测量,计算溶胀比。从表 2.3 可以看到,材料在 100℃加热 1 h 后,体积增大 21%,并已基本达到溶胀平衡,在 120℃、140℃、160℃下体积不再明显增加。此外,使用二氯甲烷、三氯甲烷、四氢呋喃等多种有机溶剂在室温下对材料进行溶胀实验,材料均只溶胀不溶解,从而可以证明形成的是三维交联网络。

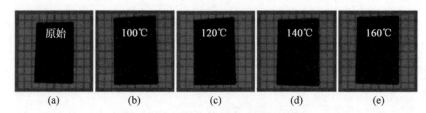

**图 2.4　CNT-Vitrimer 的溶胀实验照片**

**表 2.3　CNT-Vitrimer 的溶胀比**

| 编　　号 | 溶　胀　步　骤 | 样品尺寸(mm×mm×mm) | 溶胀比 |
| --- | --- | --- | --- |
| a | 溶胀前 | 5.05×7.80×0.27 | 1 |
| b | 100℃,1 h | 5.52×8.64×0.27 | 1.21 |
| c | 120℃,1 h | 5.54×8.60×0.27 | 1.21 |
| d | 140℃,1 h | 5.50×8.55×0.27 | 1.19 |
| e | 160℃,1 h | 5.56×8.57×0.27 | 1.21 |

### 2.2.2　相转变温度

对 CNT-Vitrimer 材料用差示扫描量热仪(DSC,differential scanning calorimetry,TA instruments Q2000)进行表征,扫描速度为 10℃/min。从图 2.5 可以看出,CNT 加入后,材料的玻璃化转变温度 $T_g$ 相比不加 CNT 的空白样稍有降低,$T_g$ 约为 45℃。这可能是因为在材料制备时,碳纳米管的加入影响了交联过程,导致 $T_g$ 降低。

CNT-Vitrimer 材料的黏弹性质可用动态机械分析仪(dynamic mechanical analyzer,DMA,TA instrument Q800)模量-温度曲线表征,扫描过程中升温速度为 1℃/min,振荡频率为 1 Hz。其结果如图 2.6 所示,和传统热固性材料一样,CNT-Vitrimer 材料在玻璃化转变温度范围内有一个较大的应力松弛。在橡胶平台区的模量约为 1.8 MPa,玻璃态的储存模量约为 1.7 GPa。

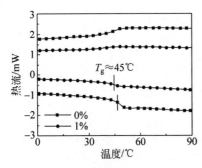

图 2.5　CNT-Vitrimer 的 DSC 曲线　　　图 2.6　CNT-Vitrimer 的模量-温度曲线

## 2.2.3　热致形状记忆性能

CNT-Vitrimer 材料具有热致形状记忆性能。如图 2.7 所示,长条形的样条(左)在 80℃电热套中于外力作用下塑成一个螺旋状(右)后,取出并冷却至室温,螺旋形状被暂时固定下来。当螺旋形状再次升温至 80℃时,由于形状记忆性能,恢复至原始的直的长条形状。

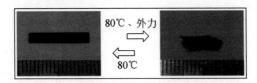

图 2.7　CNT-Vitrimer 的热致形状记忆

CNT-Vitrimer 材料的热致形状记忆性能还可用 DMA 定量表征。如图 2.8 所示,CNT-Vitrimer 材料(尺寸:5.79 mm×2.22 mm×0.13 mm)在 0.5 N 静态力和 75℃($T_g$ 以上)下拉伸,材料的形变达到 120%,保持静态力降至室温,则拉伸形变达到稳定并暂时固定下来;撤除静态力并升温至 75℃($T_g$ 以上),则材料的形变逐渐减小,恢复到原始的长度。

## 2.2.4　热分解温度

将 CNT-Vitrimer 材料在热重分析仪(TGA,thermal gravity analysis,TA instruments Q50)空气和氮气氛围中燃烧,升温速度为 20℃/min。从图 2.9 可以看出,材料的开始分解温度均为约 250℃,失重 5%时约为 320℃。

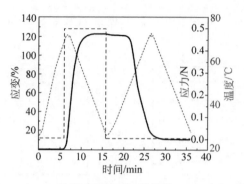

**图 2.8　CNT-Vitrimer 的热致形状记忆性能的 DMA 表征（见文前彩图）**

黑色实线代表应变，对应左纵坐标；蓝色细虚线代表应力，对应右内纵坐标；红色细虚线代表温度，对应右外纵坐标

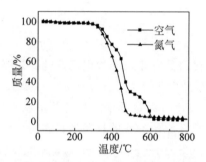

**图 2.9　CNT-Vitrimer 的 TGA 曲线**

# 2.3　CNT-Vitrimer 的热加工性能

## 2.3.1　$T_v$ 的测定

由于 CNT-Vitrimer 材料在制备过程中，环氧基团和羧酸基团的物质的量比为 1:1。一个环氧基与一个羧基反应，生成一个酯基和一个羟基。生成的羟基继续和羧基或环氧基反应，得到一个交联网络[67]，即每个环氧基团在碱性条件下开环后能形成两个反应位点，最终的交联网络中含有大量酯键和未反应的活性羟基[7-9]。在高温下，这些活性羟基可与交联网络中的酯键进行酯交换反应，如图 2.10 所示。且如果反应体系中存在酯交换反应催化剂，该反应会显著加快，使三维交联网络的拓扑结构得以重排。如图 2.11 所示，在酯交换反应过程中，原有酯键（a 和 b）断裂的同时，新的酯键（a′和 b′）生成，三维网络的交联密度不变。因此，在保持环氧树脂网络性

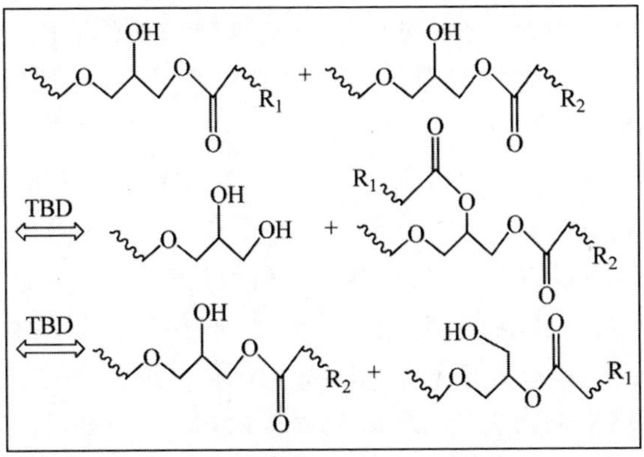

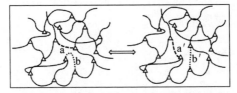

**图 2.10　酯交换反应示意图**

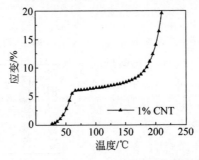

**图 2.11　动态酯交换引起的拓扑网络的改变**

能的同时,材料具有高温下再次加工的性能。

CNT-Vitrimer 的 $T_v$ 可用膨胀实验来测定。利用 DMA 的膨胀法测定膨胀系数(应变)随温度的变化曲线来确定 $T_v$。用 24 kPa 的恒应力拉伸材料(尺寸:10.0 mm×2.60 mm×0.08 mm),以 3℃/min 的升温速度从 25℃升温至 250℃,观察材料应变的变化。从图 2.12 可以看出,在 160℃之后应变速率急剧增加,按照 Leibler 教授的定义标准,把 160℃定义为拓扑网络凝固转变温度($T_v$),即在 160℃以下,由于体系酯交换反应比较慢,CNT-Vitrimer 具有和普通的热固性材料一样的性能。但在 160℃以上,由

**图 2.12　CNT-Vitrimer(含 5%催化剂)的膨胀实验曲线**

于酯交换反应快速发生,交联网络具有"流动"性,材料的应变在 160℃以上急剧增加。因此,CNT 的引入并不影响酯交换反应,而且可在 160℃以上对材料进行再次加工。

这从流变实验的结果(图 2.13)也可以反映出。材料在 80℃和 100℃下,剪切应力松弛很慢,但在 160℃以上(170℃)剪切应力松弛非常快。这表明在 160℃以上,尽管是共价交联的网络,它在高温下也能"流动"。

$T_v$ 也能从蠕变实验的结果得以验证。在蠕变实验过程中,先将材料升温至 170℃,在 50 kPa 的应力下保持 2 h 后,撤掉应力再保持 2 h,观察应变的变化。其结果如图 2.14 所示,前 2 h 内,材料在固定应力下发生蠕变现象,应变随时间延长而增加;当应力撤销后,应变并没有恢复到最初的 0,而几乎维持不变。由此可知,由外力拉伸引起的内应力已经被高温(170℃)下快速的酯交换反应所松弛。

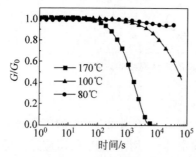

**图 2.13　CNT-Vitrimer 在不同温度下的应力松弛曲线**

$G_0$ 代表材料在某一温度下,初始状态时的剪切模量;$G$ 表示材料在某一温度下,松弛了某一时间段后的剪切模量

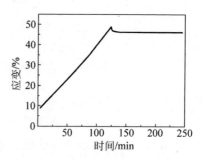

**图 2.14　CNT-Vitrimer 的蠕变-恢复曲线**

### 2.3.2　热塑实验

用一个简单的热塑实验来验证 CNT-Vitrimer 材料在 160℃以上可再次加工。如图 2.15 所示,将两个长条形的 CNT-Vitrimer 样条(尺寸:15.0 mm×3.0 mm×0.08 mm)部分重叠,用外力使二者充分接触后放在 230℃电热套中。3 min 后,两个样条融合成了一个完整的样片,从而证明了在 160℃以上

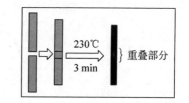

**图 2.15　CNT-Vitrimer 的热塑实验**

可以对材料进行再次加工。

## 2.4　CNT-Vitrimer 的光热效应

### 2.4.1　光热效应

由于碳纳米管能吸收几乎所有波长的光,而红外光具有很强的穿透力且相对于紫外光更安全,所以在本研究的所有光照实验中,都采用 808 nm 近红外激光光源。如图 2.16 所示,在光强为 0.84 W/cm$^2$ 的近红外激光下照射 20 s 后,从红外热成像仪(Thermal imaging camera,FLIR E40)图中可以很清楚地看到 CNT 的光热效应能使 CNT-Vitrimer 材料快速升温至 182℃(高于 160℃)。因此,CNT 的强光热效应可用来引发 CNT-Vitrimer 材料内部的酯交换反应。

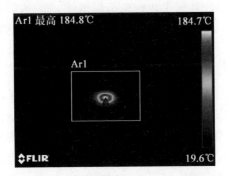

图 2.16　红外热成像仪的温度图(见文前彩图)

### 2.4.2　光致形状记忆性能

前面已经讨论了用热实现 CNT-Vitrimer 材料的形状记忆性能。因不同光强的激光照射能使 CNT-Vitrimer 材料升至不同的温度,当光强为 0.25 W/cm$^2$ 时,CNT 的光热效应能使材料升温至 80℃(高于 $T_g$),因此可用光来控制形状记忆性能。例如,裁剪一个长条形的样条,在 80℃(高于 $T_g$)电热套中用外力将样条塑成一个锯齿的形状(图 2.17)。逐步光照每个转折点(光强为 0.25 W/cm$^2$),则锯齿状逐步恢复成原始的平面形状,从而实现了用光照来逐步、局部地控制形状记忆的效果。

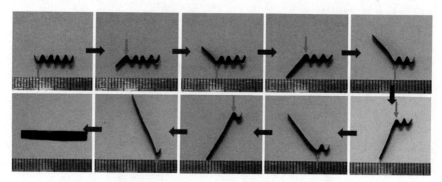

图 2.17　CNT-Vitrimer 的光致形状记忆性能

## 2.5　CNT-Vitrimer 的光控再加工性能

由于 CNT 的光热效应能使材料迅速升温至 180℃,诱导酯交换反应快速进行,因此可以用红外光代替热作为刺激源,对 CNT-Vitrimer 材料进行光控再加工性能的研究,包括光照焊接、光照重塑形、光照愈合等。

### 2.5.1　光照焊接

在目前已有的光照焊接高分子的研究中,绝大多数是热塑性材料的光照焊接[68-71],而对热固性材料的光照焊接报道只有三例,且都是基于自由基交换反应原理。第一例是 Fairbanks 等研究者用紫外光焊接含有二硫键的聚乙二醇水凝胶,这需要在溶胀的水凝胶中引入光引发剂[72]。第二例是 Amamoto 等研究者将两片新切的(有新切口)含有三硫代碳酸盐的共价交联网络在没有溶剂的情况下用紫外光照射几小时后,两片材料因熔化而被焊接在一起[73]。但这需在氮气氛围中操作,为了解决这个问题,Amamoto 等研究者随后引入了秋兰姆二硫键[74]。含有该共价键的交联网络能在室温、可见光下照射 24 h 来达到焊接效果。但这仅是对新切伤口的样品才能焊接,而长时间后自由基猝灭或扩散到材料里面则不能被焊接上。在这三例光焊接的报道中,不仅自由基影响长期的可逆性和稳定性,还需合成特殊的单体来引入环氧树脂中,且这三例焊接所需要的时间都很长。

而 CNT-Vitrimer 材料的光照焊接能解决以上问题。因为 CNT 的光热效应能引发 CNT-Vitrimer 材料的酯交换反应,通过红外光可实现 CNT-Vitrimer 高效、快速(1 min 内)的焊接。而且它不仅能和本身材料焊接,还能和其他材料焊接。

　　焊接的具体操作如图 2.18(a)所示,将两个 CNT-Vitrimer 样条(尺寸:
12.0 mm×1.5 mm×0.08 mm)部分重叠(重叠部分长度:约 2 mm)后,用
外力使二者充分接触,再在光强为 0.84 W/cm² 的近红外激光下照射 30 s,
即能焊接成一个完整的、融合的样条。从焊接样条拉重物的实验
(图 2.18(b))可以看到,焊接很牢固。焊接样条在 14 g 的夹子重物(34.3 kPa)
下,焊接处不会被拉开。

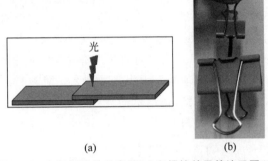

(a)　　　　　　　　　　　　(b)

图 2.18　光照焊接的示意图(a)和焊接效果的演示图(b)

　　用搭接剪切实验(lap share test)进一步表征光照焊接的效果,比较断
裂时所需要的应力大小和断裂(脱开)位置,即将焊接样条进行拉伸实验,看
焊接重叠处是否会脱开,并用加热焊接的样条(两个样条部分重叠,外力使
二者充分接触后,在 180℃下放置 10 min)进行对比。从图 2.19 可以看出,
只光照 10 s 的焊接样条,当应力为约 5 MPa 时,焊接重叠部分断开(脱开);
光照 30 s 的焊接样条在应力为 20 MPa 时,在非重叠处断开;通过加热焊
接的样条在 180℃下放置 10 min 后,焊接处用手就可轻易剥开,可见加热
焊接的效果不佳。由此可知,光照 30 s 的焊接效果很好,两个样条被完全

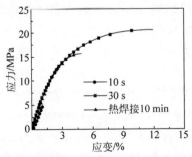

图 2.19　用不同光照时间和热焊接后的 CNT-Vitrimer 的应力应变曲线

融合成了一个样条。

对影响焊接效果的因素进行详细、定量的研究。影响 CNT-Vitrimer 材料光照焊接性能的主要因素有光照强度、催化剂含量和 CNT 含量。

将含有 0 mol%、2mol%、5 mol%、10 mol%催化剂的 CNT-Vitrimer 材料(均含 1% CNT),分别裁剪两个小样条(尺寸:10.0 mm×1.5 mm× 0.08 mm),部分重叠(重叠部分长度:2 mm)后,用外力使二者充分接触,再在光强为 0.84 W/cm² 的近红外激光下照射 60 s(为了能更好地对比焊接效果,这里采用的光照时间为 60 s)。其焊接结果用搭接剪切实验来说明,即比较断裂时所需的应力大小和断裂位置。结果如图 2.20 所示,含 0 mol%催化剂的两个样片没有焊接上,因为其在光照下几乎没有酯交换反应。含有 5 mol%和 10 mol%催化剂的两个焊接样具有相似的焊接强度;而含有 2 mol%的焊接样不能很好地焊接,约 12.5 MPa 的应力即能将重叠处分开。因此,除了这个实验,在本章的焊接实验中,都采用含有 5 mol% 催化剂的 CNT-Vitrimer 材料。

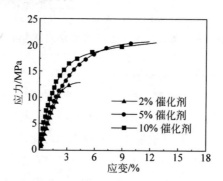

图 2.20　不同催化剂含量的 CNT-Vitrimer 焊接后的应力应变曲线

将含有 1% CNT、5 mol%催化剂的 CNT-Vitrimer 材料,分别裁剪两个小样条(尺寸:10.0 mm×1.5 mm×0.08 mm),部分重叠(重叠部分长度: 2 mm)后,用外力使二者充分接触,再在光强为 0.25 W/cm²,0.56 W/cm² 和 0.84 W/cm² 的近红外激光下分别照射 60 s。结果如图 2.21 所示,光强越大,焊接的效果越好。因此,除了这个实验,在本章的焊接实验中,都采用光强为 0.84 W/cm² 的近红外激光进行光照焊接。

将不同 CNT 含量的 CNT-Vitrimer 材料(均含 5 mol%催化剂、光照强度为 0.84 W/cm²、光照时间为 60 s)的焊接效果进行对比。从图 2.22 可以看出,随着 CNT 含量的增加,焊接效果先增加后趋近平衡。当 CNT 含量为 0％时,由于 Vitrimer 材料本身是透明的,不具有吸光变热的效果,因此没有焊接性能。当 CNT 含量逐渐增加(0.1％,0.5％,1％,3％)时,拉断材料所需的应力先升高后接近稳定。因此,考虑经济成本(因 CNT 含量越高,制备成本越高)和焊接效果,除了这个实验,在本章的焊接实验中,都采用 CNT 含量为 1％进行光照焊接。

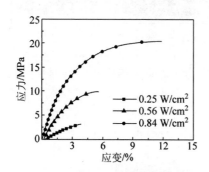

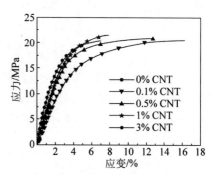

**图 2.21　用不同光强焊接后的 CNT-Vitrimer 的应力应变曲线**　　**图 2.22　不同 CNT 含量的 CNT-Vitrimer 焊接后的应力应变曲线**

因此,CNT-Vitrimer 材料光照焊接的工艺条件为 CNT 含量为 1％,光照强度为 0.84 W/cm$^2$,TBD 含量为 5 mol％。

CNT-Vitrimer 材料能进行"面具"焊接(mask welding),即用"面具"遮住不需要焊接的部位,只留出需要焊接的部位进行光照。光照时,只有未被遮住部分由于发生酯交换反应而焊接上,而被遮住部分未焊接上,从而实现局部的焊接。例如,如图 2.23 所示,将两个长条形的 CNT-Vitrimer 薄膜完全重叠后,用两个"面具"(铝片)遮住"红色区域"而只光照两端和中间,这样得到的焊接样只有两端和中间被焊接上,被遮住部分没有被焊接上。为了更好地演示,将两个小珠子置于未焊接处,从而得到一个类似"珍珠串"的形状。

**图 2.23　面具焊接得到的"珍珠串"(见文前彩图)**

用同样的方法,将两片方形的 CNT-Vitrimer 薄膜完全重叠后,用铝片挡住中间部位,只焊接未被遮住的三边,即可得到一个敞口的"袋子",如

图 2.24 所示。"袋子"的焊接效果很好,不仅能装东西(如小珠子),还能装水,水无法渗出。

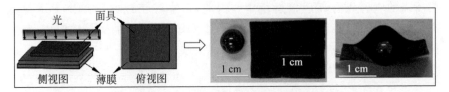

**图 2.24 面具焊接得到的"口袋"**

光照焊接为 CNT-Vitrimer 材料提供了一个简单的修复受损材料的方法。当材料产生宏观的损坏(如断裂、缺少零件时)时,可以通过焊接进行修复。例如,当 CNT-Vitrimer 材料中间被剪了一个洞时(图 2.25),可以通过光照焊接一块新的大小合适的 CNT-Vitrimer 材料进行修补。

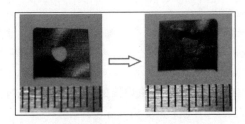

**图 2.25 通过光照焊接修复受损的 CNT-Vitrimer**

CNT-Vitrimer 材料不仅能和本身材料焊接,还能和其他材料进行透射焊接。所谓透射焊接,就是指和"透明"的材料焊接,"透明"的材料没有光热效应,因此光照时,光会透过"透明"的材料而照射到底层的材料,底层材料的 CNT 吸光产热后,热扩散到上层透明材料,诱发两层材料的界面发生酯交换反应,从而使两层的材料焊接在一起。因为不含 CNT 的 Vitrimer 也是由环氧基与酸或酸酐反应得到的交联网络,具有相同的酯交换反应,即使化学组成不同,也能通过光照焊接在一起。如图 2.26 所示,CNT-Vitrimer 材料与不含 CNT 的透明 Vitrimer 材料在红外激光(光强:0.84 $W/cm^2$)

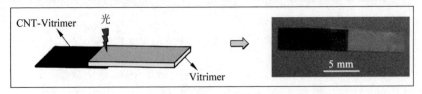

**图 2.26 CNT-Vitrimer 与不含 CNT 的 Vitrimer 焊接**

下照射 60 s 后焊接在一起。

　　在 CNT-Vitrimer 材料的两面各焊接一个不含 CNT 的透明 Vitrimer 材料,可形成"夹心"结构,如图 2.27 所示。在这个"夹心"结构中,CNT-Vitrimer 材料像一层胶黏剂,将两个透明 Vitrimer 材料粘在一起。

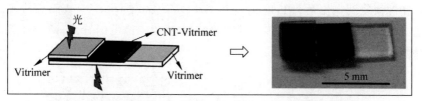

**图 2.27　CNT-Vitrimer 与不含 CNT 的 Vitrimer 焊接成夹心结构**

　　CNT-Vitrimer 材料还能和普通的环氧树脂(非类玻璃高分子的环氧树脂)焊接。这里所用的普通环氧树脂是双酚 A 二缩水甘油醚用己二酸在高温下固化而得的透明环氧树脂,其交联网络也富含酯键和羟基,只是由于没有酯交换催化剂,即使在 180℃ 下,酯交换反应也很缓慢。同透射焊接原理相似,由于普通环氧树脂为透明材料,不具有光热效应,但对光具有穿透性。光透过上层材料,CNT 吸光生热后,热被传递到界面,诱发两层界面之间的酯交换反应,使 CNT-Vitrimer 材料和普通的环氧树脂焊接在一起,如图 2.28 所示。从图 2.29 的搭接剪切实验结果可以看出,焊接样品在应变最大时是在非重叠部位断开(非焊接处),因此可以说明已经将两个样品焊接并融合成一个完整的样品。

**图 2.28　CNT-Vitrimer 和普通环氧树脂焊接**

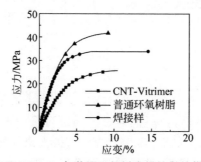

**图 2.29　CNT-Vitrimer 与普通环氧树脂焊接样的搭接剪切实验**

　　CNT-Vitrimer 材料还能和普通热塑性塑料(聚乙烯 PE,polyethylene)焊接。这里所用的 PE 是从实验室的一次性塑料滴管上裁剪的。透明的塑料 PE 不具有光热效应,但对光也有穿透性。当光透过 PE 照射到 CNT-Vitrimer 材料上时,CNT-Vitrimer 材料的光热效应使 PE 升温至熔化,撤走光源恢复到室温后,PE 就包裹在 CNT-Vitrimer 材料上,从而焊接在一起,如图 2.30 所示。从搭接剪切实验结果(图 2.31)可以看出,两个样品焊接并融合成一个完整的样品。

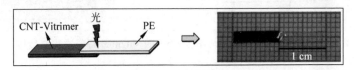

**图 2.30　CNT-Vitrimer 和热塑性 PE 焊接**

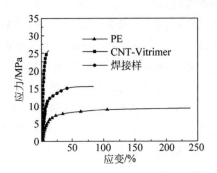

**图 2.31　CNT-Vitrimer 与热塑性 PE 焊接样的搭接剪切实验**

　　因此,相比前面所述的三例基于自由基交换反应的共价交联网络的光照焊接,CNT-Vitrimer 材料的光照焊接具有高效、简单的优点,且 CNT-Vitrimer 材料适合工业应用的大规模生产。CNT-Vitrimer 材料不仅能和本身材料进行焊接,还能和不含 CNT 的环氧树脂类玻璃高分子、普通环氧树脂、热塑性 PE 材料进行焊接,这为复杂结构的构筑提供了一种新的方法。

### 2.5.2　光照塑形

　　和传统的热固性材料相比,CNT-Vitrimer 材料在正常情况下既有和热固性材料一样优异的性能,还能通过光照进行重塑形。当 CNT-Vitrimer 材料用外力塑以新的形状时,产生的内应力被光诱导的酯交换反应逐渐松弛,使新的形状被永久固定,这可通过双折射的消失来验证。如图 2.32 所示,CNT-Vitrimer 材料在拉伸前,偏光显微镜下处于暗场(左);在外力作用下拉伸 50% 后,为非常明亮的明场(中),说明外力拉伸使材料产生了内应力,具有双折射现象;当保持外力、保持拉伸状态时,将材料置于 0.84 W/cm$^2$ 的红外激光下照射,双折射在光照 10 s 后消失,又变为暗场(右),说明拉伸产生的内应力被光诱导的酯交换反应所松弛。所以拉伸的 CNT-Vitrimer 材料获得新的永久形状(永久形状的长度变为原来的 1.5 倍)。

**图 2.32　拉伸的 CNT-Vitrimer 在光照后的双折射变化**

如图 2.33 所示,将一个长条形的 CNT-Vitrimer 样条(i)在 80℃(高于 $T_g$)用外力塑成"V"形状(ii)后,保持外力以维持"V"形状的同时,用光强为 0.84 W/cm$^2$ 的红外激光(能使材料升温至 180℃)照射"V"形状的转折点 20 s,则可将长条形样条永久塑形成"V"形状。去除外力后,这个新的永久 "V"形状即使在 250℃ 也不会恢复至原始的直的长条形状。而对不含 CNT 的 Vitrimer 采取同样的操作,"V"形状加热至 250℃ 时立刻恢复至原始的直的长条形状。

**图 2.33　CNT-Vitrimer 的光照塑形**

为了进一步作对比,继续将"V"形状在 80℃(高于 $T_g$)用外力塑成"W"形状(iii)后,保持外力以维持"W"形状的同时,用光强为 0.84 W/cm$^2$ 的红外激光照射"W"形状的右下转折点 20 s,用光强为 0.25 W/cm$^2$ 的红外激光(能使材料升温至 80℃)照射"W"形状的左下转折点 20 s。去除外力后,将"W"形状加热至 250℃,只有右半部分因为光强大能使材料升温至 180℃ 而发生酯交换反应,形状才被永久地固定下来;左半部分由于只是暂时地固定形状,当升温至 $T_g$ 以上时,形状记忆性能使其恢复至原来的形状。因此,最后只能得到似"μ"的形状(iv)。

　　光诱导的酯交换反应为 CNT-Vitrimer 材料的微观重塑形提供了可能。例如,用外力将不锈钢铜网压在 CNT-Vitrimer 材料表面,保持外力(使二者充分接触)的同时将其放在光强为 0.84 W/cm² 的近红外激光下光照。光照时,铜网一侧朝上(光照铜网一侧)。光照 20 s 后,将铜网从样品上剥离,则铜网的网格图案被永久地刻在 CNT-Vitrimer 材料的表面(图 2.34),该网格图案即使在 250℃ 也不会消失。与不含有 CNT 的 Vitrimer 材料对比,采用同样的操作,铜网图案在 80℃(高于 $T_g$)下立即消失,如图 2.35 所示。这是因为不含有碳纳米管的透明 Vitrimer 材料没有光致生热的效果,不能发生酯交换反应,因此网格图案的形状不能永久地保留下来。

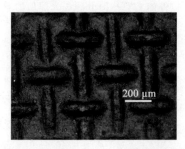

图 2.34　CNT-Vitrimer 的光照微观重塑形

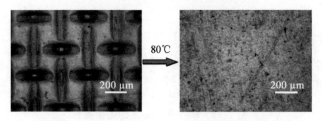

图 2.35　不加 CNT 的 Vitrimer 的光照微观重塑形

### 2.5.3　光照愈合

　　光照愈合是共价交联高分子网络的一个极受青睐但又具挑战的性能。环氧树脂的微裂纹在没有修复剂时不能自愈[75-76],修复技术很难但也很受重视,因为它能阻止微裂纹继续扩大为宏观伤口,还能延长材料的使用寿命、增加材料在使用过程中的安全性能。而 CNT-Vitrimer 材料可以在没有修复剂的情况下，通过光照进行快速、高效、原位的愈合。

如图 2.36 所示，用刀片在 CNT-Vitrimer 材料表面分别划一个浅而窄（上左）和一个深而宽（上中）的划痕，用针扎一个深的孔（上右），然后将样条置于光强为 0.84 W/cm$^2$ 的近红外激光下光照。从图 2.36 可以看出，浅而窄的划痕、深的针孔在分别光照 10 s 和 5 s 后就能高效地愈合，而宽而深的划痕在光照 1 min 后也能愈合，且愈合的效果很好（图 2.36 下三幅图）。

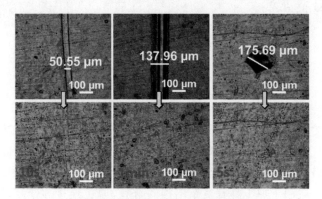

**图 2.36　光诱导 CNT-Vitrimer 的愈合**

通过愈合前后与原始的 CNT-Vitrimer 空白样片的力学性能的对比，从应力-应变曲线（图 2.37）可以看出，愈合后的 CNT-Vitrimer 材料力学性能几乎和空白材料的力学性能相同。

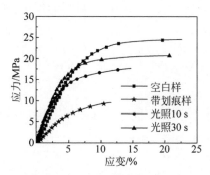

**图 2.37　空白的、带有划痕的、光照 10 s 和 30 s 愈合的 CNT-Vitrimer 的应力应变曲线**

通过加热来愈合划痕的效果非常差。如图 2.38 所示，将带有划痕的样条放在 180℃ 电热套中 3 min 后，划痕仍很明显；继续放置 1 h 后，划痕与放置 3 min 时没有明显差别。这是因为当整个材料都被加热时，热自由扩散并遍及整个材料,导致材料向外膨胀而阻止了划痕相互接触,不能很好地愈合。相反,当划痕受到激光光照时,热集中在光照部分,材料不能向外扩散反而向内扩散,产生的环向应力使划痕两边相互接触,并通过酯交换反应愈合。

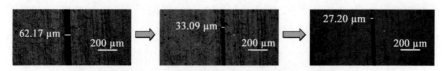

**图 2.38　CNT-Vitrimer 在 180℃ 下加热愈合**

## 2.6　小　　结

　　以上实验结果都证明了 CNT 的光热效应非常强,能够激活快速的酯交换反应。将 CNT 引入环氧树脂类玻璃高分子材料中,使共价交联的环氧树脂网络能通过光照进行高效、原位、局部的焊接。这种无须胶水和模具的焊接非常适用于加工具有复杂结构的材料、原位连接和修复已经被组合在复杂物体中的环氧树脂,而这很难通过现有的工艺来实现。除了焊接,CNT-Vitrimer 材料还能通过光照进行愈合和重塑形。因为 CNT 能吸收几乎所有波长的光,因此除了红外光,其他波长的光也有望用于这个实验和应用中。而且,因为 CNT 也能将电能、磁能转化为热,通过合适的结构设计,也有望用电或磁控制 CNT-Vitrimer 材料的焊接、愈合等。

# 第3章 碳纳米管-液晶环氧树脂基类 玻璃高分子复合材料

能感知外界刺激(热、光、电、磁等)并发生可逆驱动(可逆形变)的三维结构称为动态三维结构[77-78]。动态三维结构在柔性机器人[79]、组织工程[80]、太空可展开设备[81]等领域有潜在应用。但要制备完全独立的、干态的动态三维结构,还需要解决以下几个关键问题:

(1)制备。传统高分子成型技术制备具有任意结构的动态三维材料(尤其是中空结构)非常困难。虽然目前3D打印技术非常有希望实现这一类材料的打印[82],但是它需要特殊的打印机、专业的程序编制和严格的材料规格。目前,已有不少将一维或二维的静态物体直接转化为三维结构的研究报道[83-85],但是具有可逆形变/驱动的动态三维结构还非常少[78-79]。

(2)结构变形。决定材料最终结构和形变方式的几何信息通常类似"基因"一样印刻在材料里。结构一旦加工成型后,这个几何信息就很难修改、删除或改变成完全新的结构[86-89]。

(3)维持或维护。一旦结构受损或变形,它几乎不能修理、恢复或回收利用。

(4)耐低温。动态三维结构非常有望用于艰苦环境中,例如机器人可代替人类在外太空、北极地区、大雪天气中工作。而目前很少有材料在低温下能保持动态(可逆驱动)的性能,而且不能修补或变形。

现有的适合用作动态三维结构的形变高分子材料都不能解决上述问题。目前,研究者通常利用水凝胶[1,14-20]和形状记忆高分子材料[85,90]来制备动态三维结构。但水凝胶的力学性能很差,其动态性能只能用水或溶剂来调控[1,14-20]。而利用形状记忆高分子材料来制备动态三维结构时,常需将其做成双层或多层膜的结构[85,90],这存在层与层之间容易脱离的问题。而且基于水凝胶和形状记忆高分子的动态三维结构在加工成型后,其结构和形状都不能再改变、受到形变后不易恢复、修复困难、低温下失去功能。因此,急需发展新型的动态三维结构高分子智能材料。

在最近的研究中,已有一些将液晶网络做成3D结构(如螺旋状[91-93]、锥形或马鞍形状[24,25]、可折叠结构[94]、Miura-ori 形状[78] 等)的报道。其中只有本课题组之前研究的基于环氧树脂的、含有酯交换动态共价键的液晶弹性体(liquid crystalline elastomers with exchangeable link，xLCE)在成型之后有望塑成新的动态三维结构[9]。

液晶弹性体(liquid crystalline elastomer，LCE)是一类智能材料，结合了液晶的有序性和橡胶的弹性。在光、热、电、磁等外界刺激下，当液晶弹性体发生液晶相向各向同性相的可逆相变时，液晶基元会发生有序和无序的可逆排列，如图 3.1(a)所示，这种排列带动高分子链段的运动，使液晶弹性体发生可逆的宏观形变(图 3.1(b))。要想使可逆形变比较大、有意义，需将液晶弹性体做成单畴的。所谓单畴液晶弹性体(monodomain liquid crystalline elastomer)是指液晶弹性体中的液晶基元大范围、整体地统一取向和排列。相对地，多畴液晶弹性体(polydomain liquid crystalline elastomer)是指液晶基元没有宏观的、整体的排列和取向，不能自发地可逆形变。但外力也可使液晶基元取向，此时多畴液晶弹性体在液晶相和各向同性相也能发生可逆形变。因此，液晶弹性体作为驱动器和感应器，在盲人触摸显示器、人工肌肉、微型机器人等领域有着广阔的应用前景。将酯交换动态共价键引入环氧树脂液晶弹性体中，先得到多畴 xLCE 后，不仅在高温下通过简单拉伸使液晶基元取向得到单畴 xLCE，突破了过去单畴 LCE 的制备瓶颈问题；还可通过模具热压得到新的动态三维结构。但这种新的动态三维结构的制备需要先在 160℃ 以上摧毁 xLCE 原有的、内部的液晶基元取向(类似于"基因"几何信息)，再使用具有新的 3D 结构的模具、利用酯交换反应构建符合新模具形状(或结构)的液晶基元取向的"基因"几何信息，才能获得新的动态三维结构。这不仅受限于 3D 模具的结构(只能简单的结构)，还增加了新模具的制备成本。而且直接加热既不能局部、原位地改变、修复材

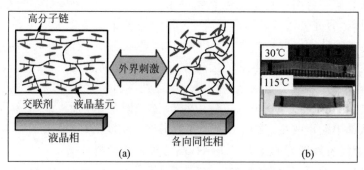

**图 3.1　单畴液晶弹性体的可逆形变机理**

料,也不能焊接、愈合。且和其他 LCE 一样,xLCE 不能在低温下使用。因此,急需寻找一种新的刺激源代替热。

因此,本章研究期望得到能灵活变形、受到变形后恢复、受损后修复、原位愈合、高效焊接且耐低温的动态三维结构。为此,在本章研究中,通过引入 CNT 到 xLCE 材料,构建了碳纳米管-液晶环氧树脂基类玻璃高分子复合材料(CNT-xLCE)。过去已有研究将 CNT 引入普通 LCE 中,但主要是利用 CNT 的光热效应来驱动 LCE 的可逆形变[57,95-97]。而本章研究用 CNT 的光热效应激活酯交换反应(在第 2 章已经证明了 CNT 的光热效应能局部、远程地激活普通环氧树脂类玻璃高分子的酯交换反应[98]),使 CNT-xLCE 能通过光照-拉伸制备动态三维结构。而且光照还可使 CNT-xLCE 内部的“基因”几何信息全部或部分地修改或消除(因为 CNT 的强光热效应可使 xLCE 升温至 160℃ 以上而摧毁“基因”几何信息),随后又可通过光照构建新的“基因”几何信息,从而重塑或重构成各种各样的具有新形状的动态三维结构(能在液晶相和各向同性相之间可逆形变)。此外,CNT-xLCE 构成的动态三维结构还能在受到形变时快速恢复;具有光照焊接性能,可用 CNT-xLCE 备用材料替换受损部分或构建成新形状的动态三维结构;具有光照愈合性能,延长动态三维结构的使用寿命;还能回收利用。更重要的是,以上优异的性能都可以在很宽的温度范围内使用,尤其是极低温(−130℃)。

# 3.1　材料制备

## 3.1.1　药品和试剂

本章实验所用药品见表 3.1。

表 3.1　实验所用药品

| 药品和试剂名称 | 纯　度 | 药品和试剂公司 | 用　法 |
| --- | --- | --- | --- |
| 4,4′-二羟基联苯 | 97% | 阿拉丁 | 直接使用 |
| 环氧氯丙烷 | AR | 阿拉丁 | 直接使用 |
| 癸二酸 | >98.0% | TCI Chemicals | 干燥保存,直接使用 |
| 异丙醇 | AR | 北京化工厂 | 直接使用 |
| 1,4-二氧六环 | AR | 北京化工厂 | 直接使用 |
| 氢氧化钠 | AR | 北京化工厂 | 直接使用 |

续表

| 药品和试剂名称 | 纯　　度 | 药品和试剂公司 | 用　　法 |
|---|---|---|---|
| 双酚 A 二缩水甘油醚 | DER 332 | Sigma-Aldrich | 干燥保存,直接使用 |
| 己二酸 | >99.0% | TCI Chemicals | 干燥保存,直接使用 |
| 1,5,7-三叠氮双环[4.4.0]癸-5-烯(TBD) | >98.0% | TCI Chemicals | 干燥保存,直接使用 |
| 多壁碳纳米管 | >98% | 中国科学院成都有机化学有限公司 | 干燥保存,直接使用 |
| 三氯甲烷 | AR | 北京化工厂 | 直接使用 |
| PIM₁ | 无 | 剑桥大学物理系提供 | 直接使用 |
| 1,2,4-三氯苯 | 99% | 阿拉丁 | 直接使用 |

## 3.1.2　仪器

本章实验所用仪器见表 3.2。

表 3.2　实验所用仪器

| 仪器名称 | 名称缩写 | 仪器公司 | 仪器型号 |
|---|---|---|---|
| 台式粉末压片机 | 无 | 天津市思创精实科技发展有限公司 | FY-15 型 |
| 傅里叶转换红外光谱仪 | FT-IR | Perkin Elmer | Spectrum 100 |
| 差示扫描量热仪 | DSC | TA Instruments | Q2000 |
| 热失重分析仪 | TGA | TA Instruments | Q50 |
| 动态机械分析仪 | DMA | TA Instruments | Q800 |
| 流变仪 | 无 | TA Instruments | ARG2 |
| 偏光显微镜 | POM | Nikon | ECLLIPS LV100P0L |
| 精密冷热台 | 无 | Linkam | LTS420E |
| 核磁共振谱仪 | NMR | JEOL | 400MHz |
| 数显智能控温磁力搅拌器(加热套) | 无 | 巩义市予华仪器有限责任公司 | SZCL-2 |
| 红外激光光源 | 无 | 海特光电有限责任公司 | LOS-BLD-0808-10W |
| 小角 X 射线散射仪 | SAXS | Anton Paar | SAXSess |
| 超声波细胞粉碎仪 | 无 | SCIENTZ | Ⅱ D |

### 3.1.3　制备方法

#### 3.1.3.1　液晶环氧化合物(DGE-DHBP)的合成

反应方程式如图 3.2 所示,将 1,4-二羟基联苯(10 g,0.054 mol)、去离子水(9.25 mL)、异丙醇(32.875 mL)和环氧氯丙烷(42.5 mL,0.54 mol)加入三口圆底烧瓶中,装好温度计、滴液漏斗和回流装置。将圆底烧瓶置于磁力加热搅拌器中,加热至 90℃ 后,1 h 内逐滴加完 9.5 mL NaOH 溶液(4.65 g NaOH 溶于 19 mL 水中),继续反应 1 h。1 h 内再逐滴加入 9.5 mL NaOH 溶液,继续反应 1 h。反应结束后,自然冷却,有大量沉淀析出。过滤,用异丙醇洗涤数次。用 1,4-二氧六环重结晶产物,室温下过夜冷却、过滤,70℃真空干燥 48 h。产率为 85%。

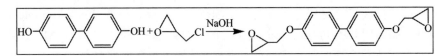

图 3.2　DGE-DHBP 的反应方程式

从 DSC 图(图 3.3)可以看出,DGE-DHBP 单体在升温和降温过程均有两个转变温度。在降温过程中,分别为清亮点温度 148℃ 和结晶温度 137℃。

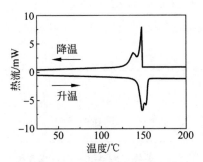

图 3.3　DGE-DHBP 的 DSC 图

#### 3.1.3.2　多畴 CNT-xLCE 的制备

同样地,针对 CNT 在高分子体系中难分散的问题,本章研究仍采用含有多微孔结构的 $PIM_1$(结构如图 2.1 所示)作为分散剂。因为 CNT 的过多加入会影响液晶基元的取向,而且在第 2 章的研究中可以看到,加入 0.1 wt%

CNT 也能使普通环氧树脂类玻璃高分子在红外激光照射下迅速升温至 180℃并能达到很好的焊接效果(图 2.22),因此,在本章的实验中,CNT-xLCE 在制备时均用 0.1 wt% CNT 和等量的 0.1 wt% PIM$_1$。其他的制备工艺同第 2 章,即反应温度为 180℃,反应时间为 4.5 h,DGE-DHBP 与固化剂癸二酸的投料比为物质的量比 1∶1,酯交换催化剂 TBD 的投料比为 5%环氧基或羧基当量。

具体的合成步骤为:

(1) 分散 CNT。将 0.5 mg CNT 和 0.5 mg PIM$_1$(CNT 与 PIM$_1$ 等量,为 DGE-DHBP 和癸二酸质量总和的 0.1%)加入 4 mL 三氯甲烷中,将混合物放入细胞粉碎仪中超声 30 min 使 CNT 与 PIM$_1$ 充分混匀后,在 100℃的热台上快速挥发三氯甲烷溶剂,使混合均匀的 CNT 与 PIM$_1$ 不出现相分离。

(2) 合成复合材料。反应方程式如图 3.4 所示,将 0.298 g(1 mmol) DGE-DHBP 和 0.202 g(1 mmol)癸二酸、步骤(1)中的 CNT 与 PIM$_1$ 的混合物置于覆盖有聚四氟乙烯膜的培养皿中,于加热套中熔融(约 180℃),并轻轻搅拌使其混合均匀。再加入 13.9 mg(0.1 mmol,5%环氧基或羧基当量)TBD,边加入边搅拌使混合物混合均匀,待反应体系黏度增大(黏度很大但还未反应至固体、可以拉丝时)取出稍冷,将预聚物放在两层聚四氟乙烯膜中,用不同厚度的锡纸作为垫片来控制薄膜厚度,在压片机中(4 MPa、180℃)固化 4.5 h,即得到目标厚度的 CNT-xLCE 薄膜。此时得到的 CNT-xLCE 材料为多畴液晶弹性体,因为在制备过程中,没有拉伸使液晶基元取向的步骤。

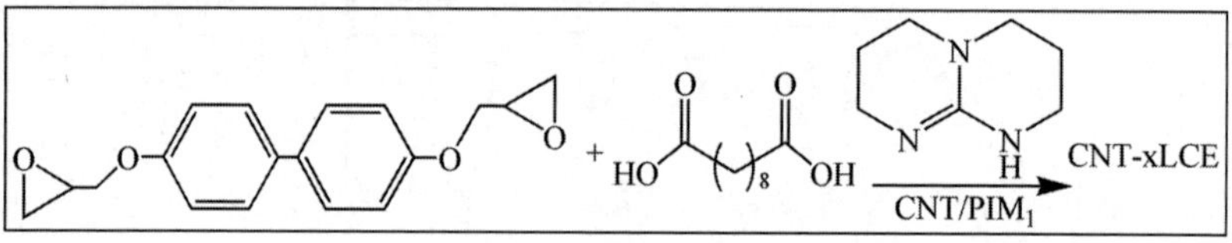

图 3.4　多畴 CNT-xLCE 的合成方程式

### 3.1.3.3　多畴的不含 TBD 催化剂的 CNT-LCE 的制备

不含 TBD 催化剂的 CNT-LCE 的制备步骤为:

(1) 分散 CNT。将 0.5 mg CNT 和 0.5 mg PIM$_1$(CNT 与 PIM$_1$ 等量,为 DGE-DHBP 和癸二酸质量总和的 0.1%)加入 4 mL 三氯甲烷中,将混合物放

入细胞粉碎仪中超声 30 min 使 CNT 与 $PIM_1$ 充分混匀后,在 100℃的热台上快速挥发三氯甲烷溶剂,使混合均匀的 CNT 与 $PIM_1$ 不出现相分离。

（2）合成复合材料。将 0.298 g（1 mmol）DGE-DHBP 和 0.202 g（1 mmol）癸二酸、步骤（1）中的 CNT 与 $PIM_1$ 的混合物置于覆盖有聚四氟乙烯膜的培养皿中,于加热套中熔融（约 180℃）,并轻轻搅拌使其混合均匀。保持 180℃反应至体系黏度增大（黏度很大但还未反应至固体、可以拉丝时）取出稍冷,将预聚物放在两层聚四氟乙烯膜中,用不同厚度的锡纸作为垫片来控制薄膜厚度,在压片机中（4 MPa、180℃）固化 6 h（因没有催化剂,为了充分反应,此处反应时间为 6 h）,即得到目标厚度的多畴 CNT-LCE 薄膜。

### 3.1.3.4　不含 CNT 的多畴 xLCE 的制备

不含 CNT 的 xLCE 的制备步骤为:将 0.298 g（1 mmol）DGE-DHBP 和 0.202 g（1 mmol）癸二酸置于覆盖有聚四氟乙烯膜的培养皿中,于加热套中熔融（约 180℃）,并轻轻搅拌使其混合均匀。再加入 13.9 mg（0.1 mmol,5%环氧基或羧基当量）TBD,边加入边搅拌使混合物混合均匀,待反应体系黏度增大（黏度很大但还未反应至固体、可以拉丝时）取出稍冷,将预聚物放在两层聚四氟乙烯膜中,用不同厚度的锡纸作为垫片来控制薄膜厚度,在压片机中（4 MPa、180℃）固化 4.5 h,即得到目标厚度的多畴 xLCE 薄膜。

### 3.1.3.5　不含 CNT 和 TBD 催化剂的普通多畴 LCE 的制备

不含 CNT 和 TBD 催化剂的普通多畴 LCE 的制备步骤为:将 0.298 g（1 mmol）DGE-DHBP 和 0.202 g（1 mmol）癸二酸置于覆盖有聚四氟乙烯膜的培养皿中,于加热套中熔融（约 180℃）,并轻轻搅拌使其混合均匀。保持 180℃反应至体系黏度增大（黏度很大但还未反应至固体、可以拉丝时）取出稍冷,将预聚物放在两层聚四氟乙烯膜中,用不同厚度的锡纸作为垫片来控制薄膜厚度,在压片机中（4 MPa、180℃）固化 6 h（因没有催化剂,为了充分反应,此处反应时间为 6 h）,即得到目标厚度的 LCE 薄膜。

### 3.1.3.6　CNT-Vitrimer 的制备

见 2.1.3.1 节。

### 3.1.3.7　不含 CNT 和 TBD 催化剂的普通环氧树脂的制备

见 2.1.3.4 节。

## 3.2　多畴 CNT-xLCE 的溶胀性质和热力学性能

### 3.2.1　溶胀性质

首先对多畴 CNT-xLCE 材料的三维网络结构进行溶胀实验表征。如图 3.5 所示,裁剪一块 CNT-xLCE 材料(图 3.5(a)),测量其在溶胀前的初始尺寸。将其放置在装有适量 1,2,4-三氯苯的样品瓶中,升温至 100℃加热 1 h 后,将材料取出快速测量其尺寸并放回样品瓶中,继续分别在 120℃加热 1 h,140℃加热 1 h,160℃加热 1 h,180℃再加热 1 h,并分别对材料的尺寸进行测量,计算溶胀比。从表 3.3 可以看出,材料在 100℃加热 1 h 后,体积增大 41%,在之后 120℃,140℃,160℃,180℃下溶胀体积继续增加,但不溶解。此外,用二氯甲烷、三氯甲烷、四氢呋喃等多种有机溶剂在室温下对材料进行溶胀实验,材料均只溶胀不溶解,从而可以证明形成的是三维交联网络。

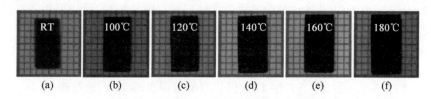

图 3.5　多畴 CNT-xLCE 的溶胀实验照片

**表 3.3　多畴 CNT-xLCE 的溶胀比**

| 编　　号 | 溶胀步骤 | 样品尺寸(mm×mm×mm) | 溶胀比 |
|---|---|---|---|
| a | 溶胀前 | 0.17×4.02×7.83 | 1 |
| b | 100℃,1 h | 0.20×4.40×8.56 | 1.41 |
| c | 120℃,1 h | 0.20×4.53×8.79 | 1.49 |
| d | 140℃,1 h | 0.20×4.68×9.03 | 1.58 |
| e | 160℃,1 h | 0.20×4.68×9.21 | 1.61 |
| f | 180℃,1 h | 0.21×4.81×9.35 | 1.76 |

### 3.2.2　相转变温度

对多畴 CNT-xLCE 材料进行 DSC 表征,扫描速度为 10℃/min。从图 3.6 可以看出,在降温过程中,玻璃化转变温度 $T_g$ 约为 50℃,液晶相-各向同性相的转变温度 $T_i$ 约为 105℃。

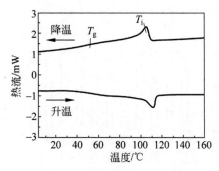

图 3.6　多畴 CNT-xLCE 的 DSC 曲线

### 3.2.3　热分解温度

将 CNT-xLCE 材料在 TGA 中燃烧,升温速度为 20℃/min。从图 3.7 可以看出,在空气中开始分解温度约为 265℃,失重 5% 时温度为 354℃;在氮气中开始分解温度约为 250℃,失重 5% 时温度为 341℃。

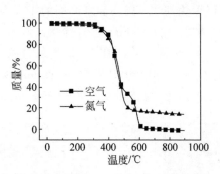

图 3.7　多畴 CNT-xLCE 的 TGA 曲线

### 3.2.4　热致可逆形变(两重形状记忆)

多畴 CNT-xLCE 在外力作用下的可逆形变(两重形状记忆)可用 DMA 表征。具体步骤为:对多畴 CNT-xLCE 样条施加 0.03 MPa 的恒应力,在 140℃保温一段时间直至应变达到平衡;保持恒应力,以 5℃/min 的速率降温至 85℃,此过程中液晶基元由无序向有序排列,因此应变增大,保温一段时间直至应变达到平衡;后再以 5℃/min 的速率升温至 140℃,此过程中液晶基元由有序向无序排列,因此应变减小恢复至原长;再重复此加热-降温循环 10 次,观察应变的变化。其结果如图 3.8 所示,多畴 CNT-xLCE 材料在加热-冷却反复循环中的可逆形变约为 110%。

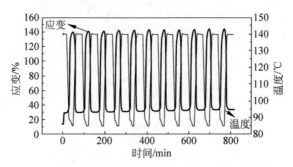

图 3.8　多畴 CNT-xLCE 在外力作用下的可逆形变

## 3.2.5　热致三重形状记忆

从图 3.6 中的 DSC 曲线可以看出,多畴 CNT-xLCE 材料的玻璃化转变温度 $T_g$ 约为 50℃,液晶态转变温度 $T_i$ 约为 105℃。通常表征形状记忆性能的塑形或恢复温度为高于相转变温度区间的 15℃ 以上,因此在三重形状记忆性能表征中,选用 140℃ 和 80℃。具体操作如图 3.9 所示,裁剪一个长条状的多畴 CNT-xLCE 材料(A),在 140℃ 用外力拉伸至形状 B,保持形状 B 冷却至室温,去掉外力,则形状 B 固定下来;再升温至 80℃,将形状 B 在外力作用下塑成螺旋状 C,保持形状 C 冷却至室温,去掉外力,则形状 C

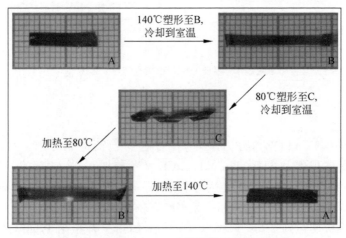

图 3.9　多畴 CNT-xLCE 的宏观三重形状记忆

固定下来。再将形状 C 加热到 80℃($T_g$ 以上、$T_i$ 以下)并保持 10 min,材料只恢复到形状 B′;继续加热到 140℃($T_i$ 以上)时,样条才恢复到原始的永久形状 A′。

## 3.2.6 力学性能

多畴 CNT-xLCE 材料具有三个转变温度,分别为玻璃化转变温度 $T_g$(50℃)、液晶相转变温度 $T_i$(105℃)和 $T_v$(160℃)。材料在不同的温度区间内有不同的力学性能(拉伸性能)。

在玻璃态时(30℃,$T_g$ 以下)对材料进行拉伸实验。其应力-应变曲线如图 3.10 所示,材料的断裂伸长率约为 27.5%,断裂强度是 28.93 MPa。

在弹性态时(75℃,$T_g$ 与 $T_i$ 之间),材料表现出典型的橡胶拉伸曲线。如图 3.11 所示,应力首先线性增长,后进入平台区,最后进入应力增强阶段,断裂强度是 12.2 MPa,断裂伸长率是 293%。材料在弹性态平台区发生多畴到单畴的转变,即液晶基元由混乱排列向沿着拉伸方向排列。在75℃加热套或热台上对多畴 CNT-xLCE 材料进行拉伸,可以明显观察到材料由不透明(多畴未取向)变为透明(单畴取向)的过程。

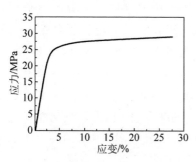

**图 3.10 多畴 CNT-xLCE 在 30℃ 下的应力-应变曲线**

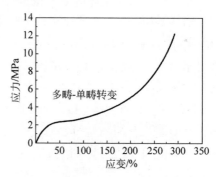

**图 3.11 多畴 CNT-xLCE 在 75℃ 下的应力-应变曲线**

对比了不含 CNT 的多畴 xLCE 材料在弹性态的拉伸性能。从图 3.12可以看出,xLCE 的断裂强度为 7.7 MPa,断裂伸长率为 224.8%。CNT 的加入增强了力学性能,材料的断裂强度增大了约 50%,断裂伸长率增大了30%。这可能是因为 CNT 易与高分子链发生物理或化学结合,提高了树脂的强度。

在黏流态时(160℃,$T_v$),由于酯交换反应剧烈,其应力呈线性增长。

如图 3.13 所示,断裂强度是 1.1 MPa,断裂伸长率是 78.9%。

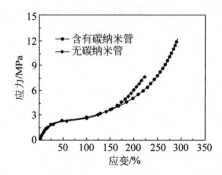

图 3.12　多畴 CNT-xLCE 与不含 CNT 的多畴 xLCE 在弹性态的应力-应变曲线

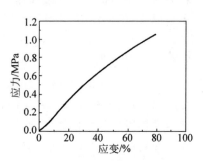

图 3.13　多畴 CNT-xLCE 在 160℃ 下的应力-应变曲线

## 3.3　多畴 CNT-xLCE 的热加工性能

### 3.3.1　$T_v$ 的测定

同样采用 DMA 的膨胀实验来测定 $T_v$。用 30 kPa 的恒应力拉伸材料(尺寸:7.32 mm×3.61 mm×0.10 mm),以 3℃/min 的升温速度从 25℃ 升温至 250℃,观察材料应变的变化。从图 3.14 可以看出,多畴 CNT-xLCE 在 160℃ 以上,应变速率急剧增加,因此仍把 160℃ 定义为 CNT-xLCE 的 $T_v$,即在 160℃ 以下,由于体系酯交换反应比较慢,材料和普通的热固性材料一样具有优异的性能。但在 160℃ 以上时,由于酯交换反应快速发生,网络具有"流动"性,使应变在 160℃ 以上急剧增加。可见,CNT 的

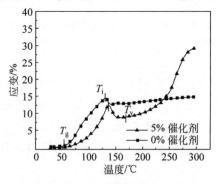

图 3.14　多畴 CNT-xLCE(含 5%催化剂)和不含催化剂的多畴 CNT-LCE 的膨胀曲线

引入并不影响酯交换反应,在 160℃ 以上可对材料进行再次加工。相比不含催化剂的 CNT-LCE 材料,其应变在 160℃ 以上仍呈线性增加。

这从流变实验的结果(图 3.15)也可以反映出。材料在 80℃ 和 110℃ 下,剪切应力松弛很慢,而在 160℃ 以上(160℃ 和 200℃),剪切应力松弛非常快。这表明在 160℃ 以上,尽管是共价交联的网络,它也能“流动”。

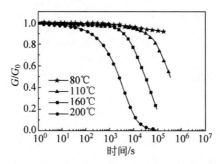

**图 3.15　多畴 CNT-xLCE 在不同温度下的应力松弛曲线**

### 3.3.2　热塑实验

用简单的热塑实验来验证 CNT-xLCE 材料在 160℃ 以上可再次加工。如图 3.16 所示,将两个长条形的多畴 CNT-xLCE 样条(尺寸:10.0 mm×2.0 mm×0.12 mm)部分重叠,用外力使二者充分接触后放在 230℃ 电热套中。3 min 后,两个样条融合成了一个完整的样片,从而证明了在 160℃ 以上可以对材料进行再次加工。

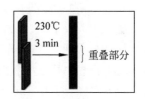

**图 3.16　多畴 CNT-xLCE 的热塑实验**

### 3.3.3　单畴 CNT-xLCE 的加热制备

多畴 CNT-xLCE 材料可在 160℃ 以上通过简单的拉伸制备成单畴 CNT-xLCE。

传统的制备单畴 LCE 的方法为两步交联法,第一步先预交联得到部分交联的预聚物“凝胶”;第二步再对第一步的预聚物“凝胶”进行拉伸取向,保持拉力和取向进一步交联得到完全交联的产物,如图 3.17 所示。但这种方法的成功率低、操作复杂。虽然在之后的研究中,相继报道了几种其他制备单畴 LCE 的方法,但都只能制备出非常薄的 LCE 膜,且不能大规模生产。

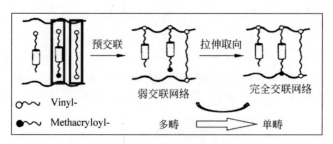

**图 3.17　两步交联法制备单畴 LCE**

在本课题组之前的研究中,开发了一种简单的制备单畴 LCE 的新方法[9],具体步骤为:

(1) 通过 3.1.3.4 节的制备方法得到多畴 xLCE。

(2) 在 160℃ 电热套中,对多畴 xLCE 进行外力拉伸 20%,保持外力并维持拉伸状态 30 s,此时交联网络因酯交换反应而发生重排,拉伸所致的液晶基元的取向被永久保留。

(3) 从电热套中取出材料,取出过程中也保持拉力继续拉伸,使材料不会因为降温到 $T_i$ 以下而发生卷曲(因材料由各向同性相向液晶相的转变过程中,液晶基元会进一步取向,使材料自发生长而卷曲),保持拉力直至材料降温到 $T_g$ 以下(室温),此时材料的长度约为原长的 200%。这一步虽然发生了主链及液晶基元的进一步取向,但这个取向是暂时的,并没有被永久保留,因为此时不能发生快速的酯交换反应和交联网络的重排。

(4) 在 $T_i$ 以上(120℃)进行退火,则由步骤(3)带来的暂时形变得到恢复,只留下步骤(2)带来的液晶基元的取向。

(5) 冷却至室温(此时为液晶相),即得到单畴 xLCE。该单畴 xLCE 的液晶相为层状结构近晶 A 相,在各向同性相与液晶相之间,xLCE 自发的收缩-伸长可逆形变为 20%~40%。

同样地,单畴 CNT-xLCE 的制备也可用上述方法[9]实现。如图 3.18 所示,最终得到的单畴 CNT-xLCE 在各向同性相(120℃,长度为 6.82 mm)和液晶相(室温,长度为 9.86 mm)之间具有 44.6% 的可逆形变。

此外,采用上述方法,还可得到一些较为复杂的可逆形变。例如,将一个方形的多畴 CNT-xLCE 按照上述步骤(1)~步骤(5)操作,唯一不同的是在步骤(3)和步骤(4)之间多一步操作:将拉伸后的 CNT-xLCE 按图 3.19(a)示意图的斜对角裁剪一条样条。则该单畴样条在各向同性相和液晶相之间具有自发的扁平状-波浪状的可逆形变,如图 3.19(b)所示。

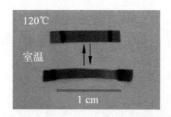

**图 3.18　热致单畴 CNT-xLCE 的伸长-缩短可逆形变**

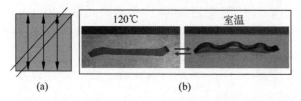

(a)　　　　　　　　　　(b)

**图 3.19　热致单畴 CNT-xLCE 的扁平状-波浪状可逆形变**

还可通过模具塑形和加热制备具有凸起(上下)驱动的单畴 CNT-xLCE。具体步骤为：将自制模具(图 3.20(a))及多畴 CNT-xLCE 薄膜(5 mm×5 mm)放在 160℃加热套中预热 2 min,将多畴 CNT-xLCE 薄膜覆盖模具下层的凸起上,随后用上层慢慢压在薄膜上,使得上、下模具贴合后加热 30 s,保持压力取出模具和样品,冷却到室温后去掉压力,揭下薄膜,其内部的液晶基元取向如图 3.20(b)所示。在 120℃退火,即可得到具有凸起可逆驱动的三维形状。如图 3.21 所示,在 120℃(各向同性相)时,材料变平;在室温(液晶相)凸起,从而得到了具有可逆凸起驱动的单畴 CNT-xLCE。

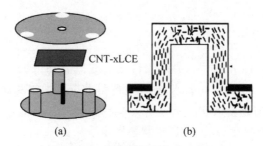

(a)　　　　　　　　　　(b)

**图 3.20　凸起模具和取向示意图**

**图 3.21　单畴 CNT-xLCE 的凸起可逆形变**

## 3.4　多畴 CNT-xLCE 的光控再加工性能

### 3.4.1　光热效应

　　如第 2 章所言,CNT 具有非常强的光热效应,它能吸收几乎所有波长的光,并且产生大量的热。由于红外光具有很强的穿透力,且相对于紫外更安全,所以在本章研究中,仍用 808 nm 的激光光源。用红外热成像仪可以很清楚地看到 CNT 的光热效应能使多畴 CNT-xLCE 快速地升温至180℃。如图 3.22 所示,用光强为 0.84 W/cm$^2$ 的激光光源光照材料 30 s,材料能迅速升温到 180℃。因此,CNT 的光热效应可以用来引发 CNT-xLCE 内部的酯交换反应。

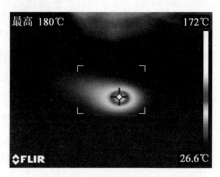

**图 3.22　红外热成像仪图的温度图(见文前彩图)**

### 3.4.2　光照塑形

　　同 CNT-Vitrimer 材料一样,CNT-xLCE 既有和传统热固性材料、普通液晶弹性体一样优异的性能,又能通过光照进行再加工和重塑形。因为当CNT-xLCE 被塑以新形状时,产生的内应力会被 CNT 的光热效应引发的酯交换反应逐渐松弛,从而使新形状被固定下来。

　　如图 3.23 所示,将一个长条形的多畴 CNT-xLCE 样条(尺寸:12.12 mm×1.92 mm×0.20 mm)在 80℃(高于 $T_g$)用外力塑成"N"形状后,保持外力并保持"N"形状的同时,用红外激光(光强:0.84 W/cm$^2$)照射"N"形状的转折点 60 s,则可将长条形样条塑成"N"形状。

　　光诱导的酯交换反应还可使多畴 CNT-xLCE 进行微观重塑形。例如,

用外力将不锈钢铜网压在多畴 CNT-xLCE 材料（尺寸：5.00 mm×
4.00 mm×0.20 mm）表面，保持外力（使二者充分接触）的同时将其放在光
强为 0.84 W/cm$^2$ 的近红外激光下光照。光照时，铜网一侧朝上（光照铜网
一侧）。光照 30 s 后，将铜网从样品上剥离，则铜网的网格图案被刻在了多
畴 CNT-xLCE 材料的表面，如图 3.24 所示，该网格图案即使在 250℃ 下也
不会消失。与不含有碳纳米管的 xLCE 对比，采用同样的操作，铜网图案在
高于 $T_g$ 时立即消失，如图 3.25 所示。这是因为不含有 CNT 的透明 xLCE
材料没有光致生热的效果，不能发生酯交换反应而塑形，因此网格的形状不
能永久地保留下来。

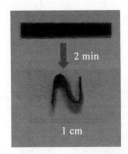

图 3.23　多畴 CNT-xLCE 的光照塑形

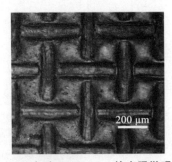

图 3.24　多畴 CNT-xLCE 的光照微观塑形

图 3.25　不加 CNT 的多畴 xLCE 的光照微观塑形

## 3.5　光致单畴 CNT-xLCE 的制备

可用光照代替加热来制备单畴 CNT-xLCE。由于光源的光斑大小、光
强和光照时间可随意调控，因此可以制备出各式各样的、简单的、复杂的、具

有不同驱动模式的单畴 CNT-xLCE。

### 3.5.1　光致具有伸长-缩短驱动的单畴 CNT-xLCE 的制备

　　用光照制备单畴 CNT-xLCE 的原理与加热制备的原理相似,即对拉伸了 50% 的样品进行光照,光照诱导的酯交换反应将 50% 液晶基元的单畴取向固定下来,如图 3.26 所示,从而得到单畴 CNT-xLCE。只是将热源换成光源会带来一些技术上的差异,具体制备方法有以下三种。

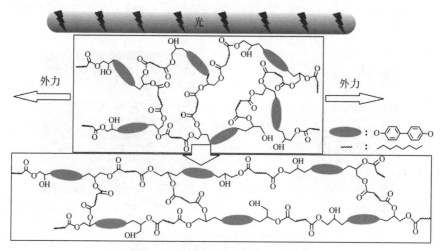

**图 3.26　光照制备单畴 CNT-xLCE 的原理**

　　第 1 种和第 2 种方法如图 3.27 所示,用外力将长条形的多畴 CNT-xLCE 样条在 80℃ 电热套(高于 $T_g$,第 1 种方法)或在光强为 0.47 W/cm$^2$ 的红外激光下光照(能使 CNT-xLCE 升温至 120℃,第 2 种方法)预拉伸 50%,固定 CNT-xLCE 两端使 CNT-xLCE 保持 50% 的形变,然后在光强为 0.84 W/cm$^2$ 的红外激光下光照 30 s,此时,光照诱导的酯交换反应将 50% 的单畴取向固定下来,即得到单畴的 CNT-xLCE。

　　第 3 种方法如图 3.27 所示,①在光强为 0.84 W/cm$^2$ 的红外激光下,将多畴 CNT-xLCE(厚度:0.12 mm)用外力预拉伸 50%;②保持外力并保持拉伸状态继续光照 30 s,此时交联网络因酯交换反应发生重排,拉伸所致的液晶基元的取向被永久保留;③将 CNT-xLCE 移出光照区(不光照),移出过程中也保持拉力继续拉伸,使材料不会因为降温到 $T_i$ 以下而发生卷曲,保持拉力直至材料降温到 $T_g$ 以下(室温),此时材料的长度约为原长的

200%,这一步虽然发生了主链及液晶基元的进一步取向,但这个取向是暂时的,并没有被永久保留,因为此时不能发生快速的酯交换反应和交联网络的重排;④在 $T_i$ 以上(120℃)进行退火,则由步骤③带来的暂时形变得到恢复,只留下步骤②带来的液晶基元的取向;⑤冷却至室温(此时为液晶相),从而得到单畴 CNT-xLCE。因为该方法相比第 1 种和第 2 种制备方法少了将拉伸 50% 的 CNT-xLCE 两端固定的步骤,比较简单,因此在这一章中,之后制备单畴 CNT-xLCE 都采用第 3 种方法(除非另有说明)。

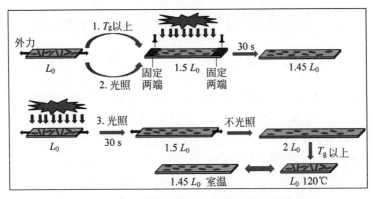

**图 3.27　光照制备单畴 CNT-xLCE 的三种方法**

对用第 3 种方法制备得到的单畴 CNT-xLCE 进行常温 X 射线衍射测试,其结果如图 3.28 所示,单畴 CNT-xLCE 的取向环发生裂分形成衍射弧,可见其取向度很高,且液晶相为层状结构近晶 A 相。

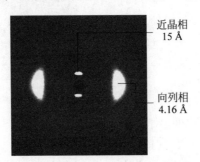

**图 3.28　单畴 CNT-xLCE 的 2D XRD 图**

单畴 CNT-xLCE 在各向同性相(120℃,长度为 4.62 mm)和液晶相(室温,长度为 6.72 mm)之间具有 45.5% 的自发可逆形变(图 3.29(a))。其内部液晶基元的可逆排列如图 3.29(b)所示,在各向同性相(120℃)无序排列,在液晶相(室温)有序排列。

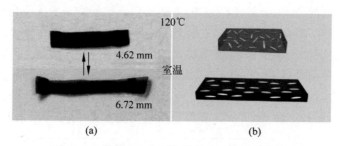

**图 3.29　单畴 CNT-xLCE 的伸长-缩短可逆形变**

从图 3.30 的双折射图也可看出,通过第 3 种方法得到的单畴 CNT-xLCE 取向度很高。将单畴 CNT-xLCE 置于具有正交起偏/检偏器的偏光显微镜载物台上,在透射光模式、暗场下观察明暗场的变化。旋转载物台从 0°转动至 90°的过程中,当液晶基元的取向与起偏器的方向一致时,为明场,此时双折射最强;当液晶基元的取向与起偏器的方向发生偏离时,则由明场向暗场转变材料发生明显的明暗变化,在 45°时双折射最强,在 0°时全黑。因此,图 3.30 说明单畴 CNT-xLCE 的取向度很高。

因为上述三种制备方法都是先预拉伸 50%,再通过酯交换反应将这 50%的单畴取向固定,最终得到约 50%的自发可逆形变。而从图 3.13 可以看出,在 160℃拉伸的最大断裂伸长率约为 80%。设想预拉伸更长的长度(但在 80%以内),是否能使最终得到的单畴 CNT-xLCE 有更大的自发可逆形变? 于是对预拉伸长度做定量分析(样品厚度均为 0.12 mm)。从图 3.31 的结果可以看出,随着预拉伸长度从 0%增加到 50%,预拉伸越长,最终产生的自发可逆形变越大;但是当预拉伸长度超过 50%时,自发可逆形变几乎没有增加。这可能是因为拉伸 50%已经使所有的液晶基元取向。因此,在之后的单畴制备过程中,都预拉伸 50%。

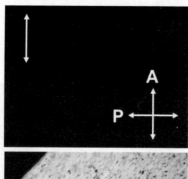

**图 3.30　单畴 CNT-xLCE 的双折射**

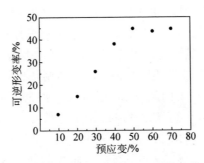

**图 3.31　预拉伸对单畴 CNT-xLCE 的可逆形变率的影响**

### 3.5.2　光致具有弯曲-变直驱动的单畴 CNT-xLCE 的制备

当多畴 CNT-xLCE 样品较薄时,CNT 的光热效应使整个材料升温的速度较快,则整个材料的温度都很均匀;但当样品较厚时,需要足够长时间的光照才能使整个材料的温度比较均一。否则在材料内部会产生温度梯度,即光照面(上面)温度较高,而未受到光照的面(底面)温度较低。

因此,可用厚样品来制备具有弯曲-变直驱动的单畴 CNT-xLCE。具体的制备步骤同制备具有伸长-缩短可逆驱动的单畴 CNT-xLCE 的第 3 种方法一样,只是将样品换成厚样品(厚度:0.3 mm)。在第 2 步,对预拉伸 50% 的样品光照 20 s 时,只有靠近光照面的上层部分升温至 160℃ 以上,酯交换反应将其单畴取向固定下来,而靠近底面的为光照面,因为温度达不到 160℃,拉伸带来的取向没有固定下来。因此,在 120℃ 退火后,得到的单畴 CNT-xLCE 只有上层的光照面那部分取向,而底层的未光照面部分未取向。单畴 CNT-xLCE 由各向同性相向液晶相转变时,上层光照面因液晶基元取向而伸长,而底层的液晶基元未取向不伸长,阻碍上层伸长,最终导致整个样条朝底层弯曲,如图 3.32 所示。

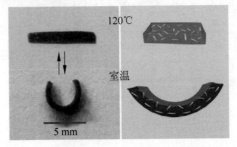

**图 3.32　单畴 CNT-xLCE 的弯曲-变直可逆形变**

光照时间对弯曲程度(曲率)影响很大,因为光照时间的长短决定了整个 CNT-xLCE 样条从上层光照面到底层未光照面的温度梯度的大小,因此需对光照时间进行定量研究。裁剪 7 个同尺寸的多畴 CNT-xLCE 样条(尺寸厚度:0.3 mm),都按上述第 3 种方法分别制备成具有弯曲-变直驱动的单畴 CNT-xLCE,唯一不同是在第 2 步中光照时间不同,分别为 5 s、10 s、20 s、30 s、45 s、60 s、120s,观察弯曲程度(曲率)。其结果如图 3.33 所示,随着光照时间的延长,曲率先增大后减小。这主要是因为:光照时间为 5 s时,只有光照表层非常薄的一层取向了,而大部分没有取向,因此曲率小;当光照时间延长至 20 s 时,约厚度的一半取向了,而另一半没有取向,此时曲率最大;但当光照时间继续增加时,整个样条的温度梯度越来越小,因此曲率又减小。

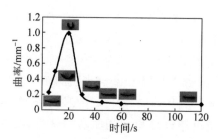

图 3.33　光照时间对单畴 CNT-xLCE 的曲率的影响

弯曲-变直的可逆驱动本身可用于制备具有复杂结构的动态三维结构。例如,如图 3.34(a)所示,立体"花"的每个"花瓣"都具有弯曲-变直的驱动,因此"花"能在平面和三维形状之间可逆变化;再如"四瓣花"(图 3.34(b)和(c))的动态三维结构,都能在三维形状和平面形状之间可逆驱动。

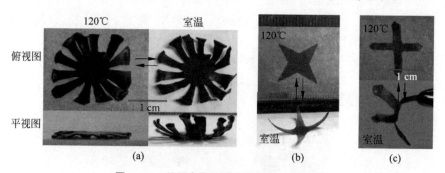

图 3.34　利用弯曲驱动制备动态三维结构

## 3.6　基于 CNT-xLCE 的动态三维结构的光照制备

传统液晶弹性体很难被加工成复杂的动态三维结构,因为动态三维结构的不同部位通常具有不同的驱动模式,而传统液晶弹性体很难实现这一点[78,93,99]。但是 CNT-xLCE 为制备多种多样的动态三维结构提供了可能,因为不同的取向模式可以在同一个材料(结构或薄膜)中获得/重新编程,且光照不存在直接加热带来的取向消失问题。

### 3.6.1　二维驱动的单畴 CNT-xLCE 的光照制备

在已有的研究报道中,很少能实现在同一个材料里有不同的驱动模式。但 CNT-xLCE 材料可在同一个样条中含有不同的驱动模式,主要是因为可远程、局部地光照。

例如,可制备出同一个样条左半部分含有纵向伸长-缩短驱动、右半部分横向伸长-缩短驱动的二维可逆形状。具体制备步骤为:裁剪一个长条形的 CNT-xLCE 样条,其左半部分纵向预拉伸 50% 后,在光强为 0.84 W/cm$^2$ 的红外激光下照射 30 s 后,则材料的左半部分具有纵向伸长-缩短的驱动。用同样的方法将右半部分制备成具有横向伸长-缩短的驱动。最后样条在 120℃(各向同性相)和室温(液晶相)之间发生左半部分纵向伸长-缩短驱动、右半部分横向伸长-缩短的可逆驱动(图 3.35)。

同理,可得到同一个样条左半部分为弯曲-变直驱动、右半部分为横向伸长-缩短驱动的可逆形状。具体制备步骤为:裁剪一个长条形的 CNT-xLCE 样条,其右半部分预拉伸 50% 后,在光强为 0.84 W/cm$^2$ 的红外激光下照射 30 s,则材料的右半部分具有纵向伸长-缩短的驱动。其左半部分预拉伸 50% 后,在光强为 0.84 W/cm$^2$ 的红外激光下照射 20 s,则材料的左半部分具有弯曲-变直的驱动。该样条在 120℃(各向同性相)和室温(液晶相)之间发生左半部分弯曲-变直、右半部分横向伸长-缩短的可逆驱动(图 3.36)。

还可得到具有波浪形状的可逆驱动。裁剪一个长条形的 CNT-xLCE 样条,在 80℃($T_g$ 以上)拉伸 50% 后,将其缠绕在一根铁丝上形成螺旋状,固定螺旋状的两端。将螺旋状放置在光强为 0.84 W/cm$^2$ 的红外激光下光照 30 s 后,旋转铁丝 30°,继续光照 30 s。继续旋转和光照直到铁丝旋转 360°,确保螺旋状的各部位都被光照了 30 s。螺旋状在 120℃ 退火后,即可得到具有波浪形状的可逆驱动,如图 3.37 所示。

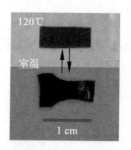

图 3.35　单畴 CNT-xLCE 一半横向
伸长-缩短、一半纵向伸长-
缩短的可逆驱动

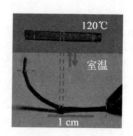

图 3.36　单畴 CNT-xLCE 一半伸长-
缩短、一半弯曲-变直的可
逆驱动

裁剪一个三角形的 CNT-xLCE 样条,局部光照三角形的一条边,在光强为 0.84 $W/cm^2$ 的红外激光下拉伸 50%,保持拉伸状态继续光照 30 s,再将三角形的另外两条边采用同样的工艺固定其取向。得到的三角形能够随温度可逆地缩胀,如图 3.38 所示。

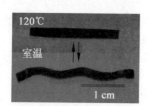

图 3.37　单畴 CNT-xLCE 波浪状-
扁平状的可逆驱动

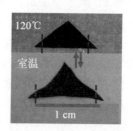

图 3.38　单畴 CNT-xLCE 三角形
变大-缩小的可逆驱动

## 3.6.2　CNT-xLCE 动态三维结构的光照制备

虽然单畴 CNT-xLCE 的弯曲驱动本身能制备动态三维结构,但是将其伸缩和弯曲驱动结合,能更简单地制备复杂的动态三维结构。

如图 3.39 所示,裁剪一个如图 3.39(a)的平面形状,将"椅子"的 4 条腿及椅座与椅背的连接处做成弯曲驱动模式,将椅背做成伸缩驱动模式。则"椅子"可在 120℃和室温下可逆变化。在高温下,样品是平面;降温后,形成"椅子"构型的三维结构(图 3.39(b))。

三维可逆驱动可用来做功,如抬起物体。裁剪一个如图 3.40(a)所示的平面"小人"形状,再将其两条"胳膊"和两条"腿"做成弯曲驱动模式。则

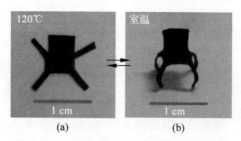

**图 3.39　"椅子"动态三维结构的可逆驱动**

"小人"可以在 120℃和室温下可逆地抬起"四肢"。在高温下,样品是平面;降温后,四肢弯曲形成立体形状(图 3.40(b))。

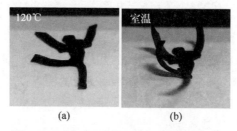

**图 3.40　"小人"动态三维结构的可逆驱动**

该"小人"可抬起重物。例如,将其四肢各粘上半球,在 120℃降温过程中,"小人"能将四个半球抬起(图 3.41(a)),还能可逆地抬起和放下。此外,它还可抬起一块玻璃片(图 3.41(b))。

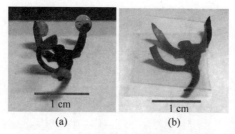

**图 3.41　"小人"动态三维结构抬起重物**
样品重 18.5 mg,四个半球重 72.6 mg,玻璃片重 106.2 mg

由于 CNT-xLCE 材料具有优异的力学性能,该"小人"在承受玻璃堆(重 1093 倍)和铁块(重 1221 倍)的重量下仍保持形状不变,如图 3.42 所示。

由此可见,用 CNT-xLCE 制备动态三维结构时,无须模具,可按需灵活设计。

**图 3.42 "小人"动态三维结构可承受重物**

样品重 18.5 mg,玻璃片重 20.23 g,铁块重 22.6 g

## 3.7 CNT-xLCE 动态三维结构的变形

CNT-xLCE 的一个显著优点是由其制备的动态三维结构可反复塑形。高温(160℃以上)会摧毁取向的"基因"几何信息。局部的光照产生的高温会摧毁局部的取向,但这部分又可重新制备成具有新的(旧的)单畴取向,从而构筑新的"基因"几何信息,产生新的(旧的)驱动模式。因此,CNT-xLCE 动态三维结构可以轻易地、灵活地变形。

例如,裁剪一个"六瓣花"的平面形状(图 3.43(a)),每个"花瓣"都可任意做成具有伸缩或弯曲(不同曲率的弯曲)驱动的形状,则该形状可变成很多种动态三维结构,这些结构随温度升高都能可逆地回到原来的平面形状。图 3.43(b)列举了 24 种形状。

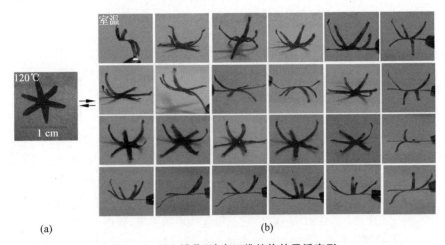

(a)                                   (b)

**图 3.43 "六瓣花"动态三维结构的灵活变形**

## 3.8　CNT-xLCE 动态三维结构的形变恢复

CNT-xLCE 动态三维结构被扭曲、受到形变后,很容易恢复。有两种恢复机理:①当 CNT-xLCE 动态三维结构在 $T_v$ 以下受到形变时,由于该结构的液晶基元取向没有被破坏,用形状记忆性能可恢复至原始形状,即加热该受到形变的结构至120℃后降至室温;②当 CNT-xLCE 动态三维结构在 $T_v$ 以上受到形变时,虽然该结构的液晶基元取向已被破坏,但可按其最初的制备方式重新制备,即可得到原始的动态三维结构。

举例如下,仍用一个"六瓣花"的 CNT-xLCE 动态三维结构,如图 3.44(a)所示,当它在室温下(远低于 $T_v$)被揉成一团后,由于其液晶取向没有被破坏,加热至120℃(各向同性相)再降至室温,即可恢复动态三维的"六瓣花"的结构;如图 3.44(b)所示,当它在180℃(高于 $T_v$)被揉成一团后,由于液晶取向被破坏,从120℃(各向同性相)降至室温后,得不到原来的动态三维"六瓣花"的结构,仅能得到平面形状。但可通过最初的制备方法重新制作,来恢复到动态三维的"六瓣花"的结构。

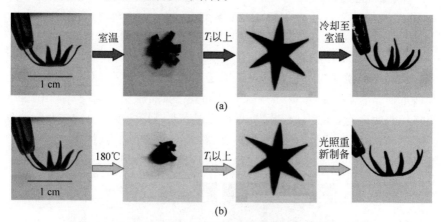

图 3.44　"六瓣花"动态三维结构受损后根据不同机理的恢复

## 3.9　单畴 CNT-xLCE 和 CNT-xLCE 动态三维
## 结构的光照焊接

灵活的智能系统通常伴随着必要的组装和连接,焊接为其制备提供了条件。单畴 CNT-xLCE 和动态三维结构很难用加热来焊接,因为取向在高温下会消失,但可用光照进行焊接。只光照需要焊接的部位,挡住其他部分(不光照),这样即使光照部分的单畴取向在焊接后会消失,但是可以通过局部光照将焊接处重新制成单畴的。

　　例如,将两个长条形的单畴 CNT-xLCE 样条部分重叠后,重叠部分光照 60 s,其他部分用挡板挡住不受光照,如图 3.45 所示。则重叠部分被焊接上后单畴取向消失,而其他部分单畴仍保留。焊接后的样品(非重叠部分)仍保持单畴取向,具有伸缩的可逆驱动(图 3.46(i))。但是,由于重叠部分被焊成了一个整体,这部分仍可通过局部光照重新制备成单畴的,使整个焊接样都具有可逆的伸缩驱动(图 3.46(ii))。

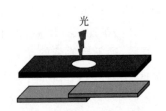

图 3.45　单畴 CNT-xLCE 的焊接
　　　　　示意图

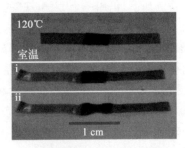

图 3.46　焊接后的单畴 CNT-xLCE 的可逆
　　　　　驱动及重叠部分的单畴制备

　　偏光显微镜的明暗场变化也证明了焊接后的 CNT-xLCE 材料仍具有单畴取向。将焊接后的 CNT-xLCE 样品置于具有正交起偏/检偏器的偏光显微镜载物台上,在透射光模式、暗场下观察明暗场的变化。旋转载物台从 0°转动至 90°的过程中,当样品在 0°时,材料为暗场(全黑)状态;当样品在 45°时,样品处于亮场状态(图 3.47)。这证明了材料的取向度很高。

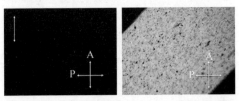

图 3.47　焊接后的单畴 CNT-xLCE 的双折射

　　搭接剪切实验(图 3.48)可说明焊接牢固。当只光照 30 s 时,焊接的效果欠佳,在应变为 40%时,样品在焊接处脱开。但光照 60 s 时,焊接很牢固。焊接样品的力学性能与空白的原始样相似,且最后在非重叠部分处断裂。

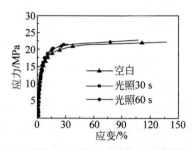

**图 3.48　光照不同时间的焊接样与空白样的应力-应变曲线**

单畴 CNT-xLCE 的焊接性能为构建复杂的三维动态结构提供了新的可能。将具有不同驱动模式的 CNT-xLCE 样条焊接起来,可得到各式各样的具有不同驱动模式(方向)的形状和结构。例如,将 5 个长条形的单畴 CNT-xLCE 样条首尾相接、相邻两个样条保持 90°放置,将相邻的每两个样条的重叠部位分别焊接,最后得到一个能可逆放大-缩小的"锯齿"形状,如图 3.49(a)所示。采用同样的方法,可得到单畴的、能可逆放大-缩小的"THU"(图 3.49(b))和"#"字母(图 3.49(c))。

将 4 个具有弯曲驱动的样条首尾相接依次焊接后得到一个圆圈。用同样的方法焊接得到第二个圆圈,且第二个圆圈焊接的最后一步套在第一个圆圈上,即可得到两个相互交叉的圆圈(图 3.49(d))。

还可用单畴 CNT-xLCE 焊接出一个"小人"跑步的形状(图 3.49(e))。再焊接另一个单畴"小人"(图 3.49(f))。"小人"随温度变化会"跳舞"。"跳舞"时手和腿发生形变,使小球发生位移的变化。

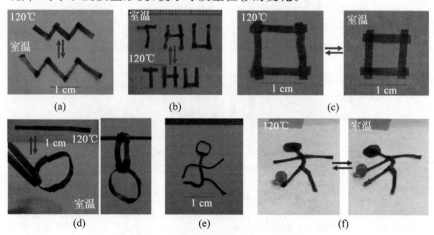

**图 3.49　各种各样的焊接后的动态结构**

　　将单畴 CNT-xLCE 与多畴 CNT-xLCE 焊接时,由于单畴 CNT-xLCE 随温度变化具有可逆形变,其形变会带动多畴 CNT-xLCE 部分一起发生可逆形变。如图 3.50 所示,将含有弯曲驱动的 CNT-xLCE 样条(下)与多畴的 CNT-xLCE 样条(上)焊接后(图 3.50(i)),焊接样在各向同性相(120℃)向液晶相(室温)转变时,单畴 CNT-xLCE 弯曲带动多畴部分也发生弯曲(图 3.50(ii)),使得整个焊接材料都具有弯曲的可逆驱动。

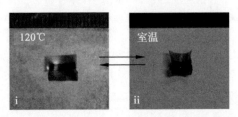

**图 3.50　单畴 CNT-xLCE 与多畴 CNT-xLCE 焊接后的样品的可逆弯曲形变**

　　单畴 CNT-xLCE 不仅能和本身材料焊接,还能和其他材料进行焊接。如图 3.51(a)所示,CNT-xLCE 样条可以和"透明的"普通环氧树脂(非类玻璃高分子)材料进行透射焊接。因环氧树脂没有吸光变热的性能,光照时,红外激光穿透环氧树脂而照射到底层的 CNT-xLCE 材料,诱发两层界面间发生快速的酯交换反应,从而将两层高分子材料牢固地焊接在一起。CNT-

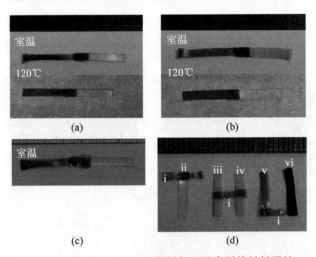

**图 3.51　单畴 CNT-xLCE 材料与不同类型的材料焊接**

(a)与普通环氧树脂焊接;(b)与 xLCE 焊接;(c)与塑料 PE 焊接;(d)与各种不同类型材料焊接得到的"THU"字符,其中 i 为单畴 CNT-xLCE,ii 为普通环氧树脂(非类玻璃高分子),iii 为普通 LCE,iv 为 xLCE,v 为 CNT-Vitrimer,vi 为多畴 CNT-xLCE

xLCE 样条还可以和 xLCE 材料焊接,如图 3.51(b)所示。

当单畴 CNT-xLCE 和"透明的"的 PE 进行透射焊接时,红外激光穿过 PE 层照射到底层 CNT-xLCE 材料,CNT 的光热效应使 PE 熔化后,包裹 CNT-xLCE 材料,达到焊接的效果,其结果如图 3.51(c)所示。

将 CNT-xLCE 材料与不同类型的样条分别焊接后,可得到焊接的"THU"字符,如图 3.51(d)所示。

CNT-xLCE 的焊接性能为构筑复杂的动态三维结构提供了便捷。由于局部光照的优越性,可在简单的动态三维结构上焊接得到复杂的动态三维结构,也可将不同的动态三维结构相互焊接在一起得到复杂的动态三维结构。

在简单的动态三维结构上焊接可得到复杂的三维动态结构。例如,图 3.52(i)和(ii)展示的是一个具有可逆驱动的动态三维"四瓣花"结构。在每"瓣花"的末端焊接上一个具有弯曲驱动的 CNT-xLCE 样条,即可得到如图 3.52(iii)和(iv)所示的动态可逆的三维"球"状。在"球"的每个末端继续再焊接上一个具有弯曲驱动的 CNT-xLCE 样条,即可得到如图 3.52(v)和(vi)所示的动态可逆的三维"花瓶"结构。

将不同的动态三维结构相互焊接在一起也可得到复杂的三维动态结构。如图 3.52(vii)和(viii)所示,将两个具有可逆驱动的动态三维"四瓣花"结构"背靠背"(一个朝上、一个朝下)放置后焊接叠合部位,即可得到立体的、复杂的三维动态结构。该结构随温度变化发生可逆的三维立体结构(液晶相)与二维平面形状(各向同性相)之间的形变。

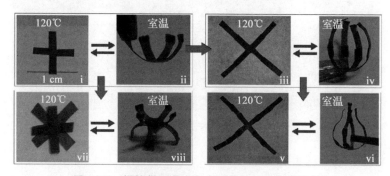

图 3.52　焊接得到具有复杂结构的动态三维结构

如果结构部分断裂,可用备用材料通过光照焊接进行修复,这可延长受损材料的寿命。如图 3.53 所示,"小人"的胳膊被折了一段,可焊接一段备用的"胳膊"使其恢复至原来的长度,进而得到修复。

**图 3.53　光照焊接修补受损的"小人"的胳膊**

## 3.10　单畴 CNT-xLCE 的光照愈合

单畴 CNT-xLCE 材料具有优异的光照愈合性能。例如,用刀片在材料表面分别划一个浅而窄、一个深而宽的划痕,再用针扎一个深的孔,将样条置于光强为 0.84 W/cm$^2$ 的近红外激光下光照。光照时只光照有划痕或针孔的区域,用挡板挡住其他部位。从图 3.54 可以看出,浅而窄的划痕在光照 5 s后就能高效地愈合,而宽而深的划痕及深的针孔在光照 10 s 后也能愈合。

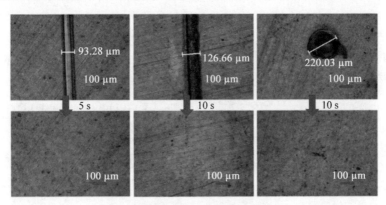

**图 3.54　单畴 CNT-xLCE 的光照愈合**

将愈合前后的单畴样品与空白样片的力学性能进行对比,从应力-应变曲线(图 3.55)可以看出,愈合后的材料力学性能几乎和空白材料的力学性能相似。

因只光照受损的部位而其他部位不光照仍保留单畴取向,愈合后的 CNT-xLCE 材料仍具有可逆的驱动。如图 3.56 所示,愈合后的 CNT-xLCE 材料在各向同性相(120℃)和液晶相(室温)之间可逆地伸缩。从偏

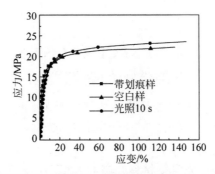

**图 3.55　空白的、带划痕的、光照 10 s 后愈合的单畴 CNT-xLCE 的应力-应变曲线**

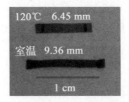

**图 3.56　光照愈合后的单畴 CNT-xLCE 的伸长-缩短的可逆形变**

光显微镜的明暗场变化(图 3.57)也可看到液晶单畴的取向度很高。

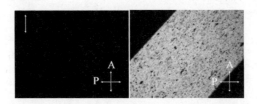

**图 3.57　光照愈合后的单畴 CNT-xLCE 的双折射图**

对比了不含碳纳米管的空白 xLCE 的光照愈合的效果。因为不含 CNT 时,xLCE 没有光致生热的效果。因此,xLCE 样条的划痕在 0.84 W/cm$^2$ 的近红外激光下光照 3 min 后几乎不变(图 3.58)。

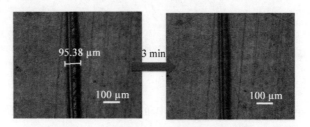

**图 3.58　不含碳纳米管的 xLCE 的光照愈合**

## 3.11 单畴 CNT-xLCE 和 CNT-xLCE 动态 三维结构的光照驱动

和普通的含有 CNT 的液晶弹性体复合材料(非类玻璃高分子,CNT-LCE)一样,CNT-xLCE 和 CNT-xLCE 动态三维结构也可用光来驱动可逆形变[57,95-97]。

如前所述,不同的光强使材料升高的温度不同。可控制光强使材料的温度达到 120℃(各向同性相),撤走光源后材料很快恢复到室温(液晶相),来回反复,材料的温度即可在各向同性相与液晶相之间可逆变化,材料随温度变化而发生可逆的形变(驱动)。因此,可用光照来控制单畴 CNT-xLCE 材料的驱动。

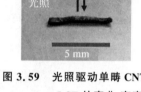

如图 3.59 所示,将一个有弯曲驱动的单畴 CNT-xLCE 材料置于光强为 0.47 W/cm² 的红外激光下照射,材料升温至 120℃后变直;去除光照后,材料降至室温(液晶相),液晶基元取向使材料又弯曲。

光照驱动可用来做功。例如,焊接一个 "小人",将"小人"的一条"腿"做成弯曲驱动。在"腿"的末端放一个小球,光照时腿变直离开

**图 3.59　光照驱动单畴 CNT-xLCE 的弯曲-变直可逆驱动**

小球,去除光照后,"腿"弯曲而"踢开"小球,如图 3.60 所示(iii 中红色虚线圆圈为球原来的位置)。

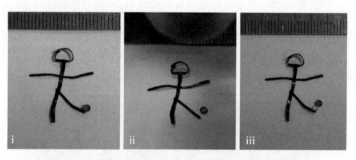

**图 3.60　光照驱动使"小人"将球踢开(见文前彩图)**

光照还可用来驱动动态三维结构的可逆形变。例如,如图 3.61 所示,三脚架的 3 条"腿"都具有弯曲驱动。光照图中"后腿"红色圆圈范围时,红

色圆圈变直收缩,使三脚架趴下去;去除光照后,"后腿"伸长弯曲,三脚架又弹起来。重复操作,三脚架能在光照驱动下反复可逆,类似于人做俯卧撑,如图 3.61 所示。

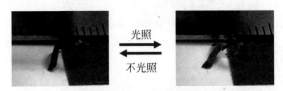

图 3.61　光驱动三脚架"做俯卧撑"(见文前彩图)

另一个三脚架则能由光驱动旋转。如图 3.62 所示,光照图中红色圆圈范围内时,红色区域变直收缩,使三脚架围绕"左后腿"旋转一定的角度;去除光照后,受到光照的那两条"腿"弯曲,三脚架转回原来的位置。

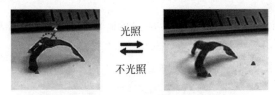

图 3.62　光驱动三脚架"转圈"(见文前彩图)

## 3.12　CNT-xLCE 动态三维结构的耐极低温性

由于 CNT 有很强的光热效应,在红外激光照射下,即便周围环境温度很低,CNT-xLCE 也能很快达到 $180℃$ ,因此 CNT-xLCE 能在极低的温度下(液氮蒸气氛围中)实现以上一系列优异性能,包括单畴 CNT-xLCE 和 CNT-xLCE 动态三维结构光照单畴的制备、焊接、愈合、恢复、修复、重塑形、驱动等。

用温度测量仪(测量范围: $-200\sim200℃$ )测量液氮蒸气(液氮液面上方 1 cm 处)的温度为 $-130℃$ 。将 CNT-xLCE 置于液氮液面上方 1 cm 处,红外激光照射下使 CNT-xLCE 能很快(约 2 min)升温至 $184℃$ (图 3.63)。

裁剪一个图 3.64(左)所示的形状,在液氮蒸气的氛围中通过光照将其做成三条边都有弯曲驱动的动态三维三脚架形状,如图 3.64(右)所示。

该三脚架可在液氮蒸气中用光驱动"爬行"。如图 3.65 所示,当照射三脚架的三边交点处时,三脚架由于三边收缩而"垮"下去,后面那条边因为缩

**图 3.63　CNT-xLCE 在液氮蒸气氛围内的光热效果图（见文前彩图）**

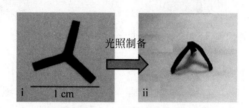

**图 3.64　在液氮蒸气氛围用光照制备动态三维结构**

短,其落脚点往前偏移一小步;去除光源时,三脚架的三边因弯曲变长,使其以后面那条边的落脚点为支点而"站起来",因此整个三脚架往前移一小步。重复该动作 6 个来回,则三脚架往前移了 8 mm。

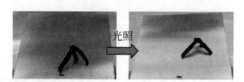

**图 3.65　在液氮蒸气氛围中（平台上面温度为－20℃）用光照驱动三维动态结构往前"爬行"**

动态三维结构还能在液氮蒸气氛围中光照焊接、重塑形和愈合等。如图 3.66 所示,将三脚架的其中一条边(a)剪断,可在极低的温度下通过焊接一段备用材料来修复;将其另一条边(c)在光照下折成 120°夹角后,继续光照折角 1 min,则折角形状就永久地保留下来;将其第三条边用针扎个针孔

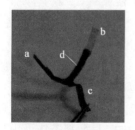
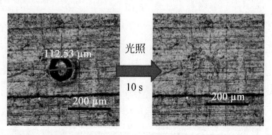

**图 3.66　在液氮蒸气氛围中用光照对动态三维结构进行焊接、修补、重塑形、愈合**

(b),通过光照针孔 2 min,则针孔很快愈合,其愈合效果如图 3.66(右图)所示;在第三条边(b)的末端还能焊接上多畴 xLCE。

动态三维结构的构筑、修复、焊接及变形可在周围环境温度极低(如－130℃)的情况下进行,是一个难能可贵的特征。这使 CNT-xLCE 动态三维结构在太空、冰雪等环境有非常可观的应用前景。

## 3.13　CNT-xLCE 的回收利用

多畴、单畴 CNT-xLCE 和 CNT-xLCE 动态三维结构具有回收利用的特征。剪碎的、残缺的、破损的样片仍可通过热压重新得到一个新的、完整的、多畴 CNT-xLCE,该材料又可以通过光照进行单畴 CNT-xLCE 和动态三维结构的制备、愈合、焊接、驱动等。

如图 3.67 所示,将断裂的、废弃的 CNT-xLCE 材料(图 3.67(a))收集起来,在 200℃压片机(压力:4 MPa)中重新热压 10 min,可得到一个新的、完整的 CNT-xLCE 样片(图 3.67(b))。该样片可重新被使用,例如裁剪一个三边形状,在光照下做成具有弯曲-变直驱动的三脚架(图 3.67(c)和(d))。

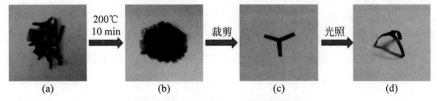

图 3.67　CNT-xLCE 的回收利用

## 3.14　小　　结

本章主要将 CNT 引入液晶环氧树脂基类玻璃高分子(具有可交换键的液晶弹性体)中,通过动态共价键带来动态可逆的交联网络,通过碳纳米管带来光响应性,使液晶弹性体能通过光照实现动态三维结构的单畴制备、驱动、重塑形、焊接、愈合、变形、恢复、回收利用、耐低温等一系列优异的性能。这在人工肌肉、盲人触摸显示器、微型机器人等领域都有十分潜在的应用前景。这个方法不限于这个体系,还可以通过设计其他化学组成来改善热学、力学和驱动性能,也可用其他具有强光热效应的物质(如石墨烯、炭黑等)来代替 CNT。因为动态三维结构是自由结构(tether-free structures),通过合适的设计还有望引入和应用到电子、光学和机械设备中。

# 第4章　钙钛矿-普通环氧树脂基类玻璃高分子复合材料

　　形状能可控改变的刺激响应高分子,不仅能模仿可变形的植物或动物,且有望满足众多日常与工业的需求[100]。形状记忆高分子(shape memory polymer,SMP)就是这类智能材料中非常重要的一种[100-103]。它能将光、热、电、磁等外界刺激转化为热能,使暂时的形状经相转变温度(如 $T_g$)恢复到原始的形状。目前,形状记忆高分子材料作为驱动器[104-107]已被广泛研究和应用于儿童玩具(ShrinkyDinks)[108]、4D 高科技打印材料[109]、生物药物传输系统[110]、航天器铰链和尾桁[111-112]、组织工程支架[110]、可形变的电子器件[113]、微型机器人[114-115]等领域。

　　目前广泛研究的形状记忆高分子为热致型形状记忆高分子[116-117]。在高于相转变温度($T_{trans}$,玻璃化转变温度或熔点)时,通过外力作用变形,保持外力和新形状降温至相转变温度以下后,这个新的、暂时的形状就被储存下来;待重新升温至高于相转变温度时,暂时形状恢复到原始的永久形状,完成形状记忆的过程。但如前所述,热作为一种刺激源在很多情况下不适用,这就促使了其他刺激源诱导形状记忆材料的研究和发展,如光、电、磁、pH 值等[118-119]。其中光致形状记忆材料因光具有清洁、易控、能局部和远程控制等优点而备受关注[120]。而且如果太阳光可用来引发形状记忆高分子的形变,那么将太阳能直接转化为机械能的设备将有望成为能源领域的新宠,进而推动可持续能源的发展。

　　但目前对形状记忆高分子的光响应研究大多聚集在紫外光和红外光响应[120-121],对可见光响应的研究甚少,而对太阳光响应的研究更是屈指可数。这主要是因为没有合适的光响应物质或缺乏有效的对太阳光进行直接光热转换的物质。目前已报道的可见光诱导形状记忆高分子材料只有几例,都是通过引入光异构化基团(如偶氮苯及其衍生物)[122-124]或加入具有光热效应的光吸收剂(如碳纳米管[125]、石墨烯[126]、金纳米颗粒[127]等)来实现光响应性。但在这些研究报道中,光异构化基团或光吸收剂都需在材料最初的制备过程中加入,材料的光响应性能很大程度上就取决于其化学结构和材料组成。而且在引入光异构化基团或光吸收剂的过程中,还存在纳米颗粒难分散、成本高、只能对特定波长吸收、对太阳光吸收程度低或热转化能力低等问题。如果目前广泛研究和应用的热致型形状记忆高分子材料能简单地、直接地变成对真实太阳光有响应的光致型形状记忆高分子,则很多现有的热致型形状记忆高分子材料无须经过新的合成和制备就可以直接使用。遗憾的是目前还未见相关报道。而且,如果形状记忆高分子材料能在光响应性与光惰性之间可逆、灵活地转换,其应用将更加广泛。但目前这些光异构化基团或光响应物质加入形状记忆材料中就无法去除,使材料一直处于光响应状态。

为实现普通热致型形状记忆高分子的太阳光响应及光响应与光惰性间的可逆切换,本章提出一种低成本的简单方法,即在普通热致型形状记忆高分子表面负载一层有机-无机杂化金属卤化物钙钛矿材料。

近年来,钙钛矿太阳能电池由于其光电转化效率高、成本低、工艺简单而备受关注。在钙钛矿太阳能电池中,钙钛矿吸收层非常重要,它既作为光吸收材料,又作为载流子传输材料,直接影响太阳能电池的效率[128-130]。钙钛矿吸收层的主要成分是有机-无机杂化金属卤化物钙钛矿,其分子通式为 $ABX_3$(其中 A 通常为有机胺阳离子(如 $CH_3NH_3^+$),B 为金属阳离子(Pb,Sn 等),X 为卤素阴离子($Cl^-$、$Br^-$、$I^-$))。目前,大部分关于 $ABX_3$ 钙钛矿及其衍生物的研究都集中在太阳能电池上。最近的报道也指出 $ABX_3$ 钙钛矿的色纯度很高、带隙易调,并有望用于制备低成本发光二极管的光发射器(LED)[131-133]。除此之外,$ABX_3$ 钙钛矿的其他性能和潜在应用尚未被发掘。但我们发现黑色的 $ABX_3$ 钙钛矿和碳纳米管、金纳米颗粒一样,具有优异的光热效应,即 $ABX_3$ 钙钛矿能吸收光,并将光能转化为热能[134]。据此,可将 $ABX_3$ 钙钛矿引入形状记忆高分子中,实现其太阳光响应。由于 $ABX_3$ 钙钛矿对水、溶剂、空气和高温都很敏感、易分解,不能参与形状记忆高分子材料的制备过程(通常需要高温或溶剂),但可将 $ABX_3$ 钙钛矿负载在形状记忆高分子材料的表面。

$ABX_3$ 钙钛矿作为形状记忆高分子材料的光热转换物质具有以下优点:

(1) 成本较低。使用原料都是市面上广泛存在和应用的化学品。

(2) 制备简单、操作容易。钙钛矿只需在材料制备完成后采用旋涂或滴涂的方法负载在材料表面,不需要在形状记忆材料的制备过程中引入。因此钙钛矿对形状记忆材料基底的选择范围较广,可负载在众多的热致型形状记忆高分子材料表面。

（3）相容性好。相较于 CNT、石墨烯、金纳米颗粒等物质在水和有机溶剂中较低的溶解度[27]，钙钛矿及其衍生物对水和有机溶剂具有良好的溶解性能[135-136]，因此在引入材料体系中时不存在难溶解、难分散的问题。

（4）对可见光和太阳光具有优异的光热效应。黑色的钙钛矿具有与 CNT、石墨烯、金纳米颗粒等纳米颗粒相近的光热效果。

（5）由于光热转换物质可采用滴涂的方式在形状记忆材料表面涂膜，可实现不同图案的涂膜及不同方式的光响应。

（6）钙钛矿及其衍生物很容易被水或有机溶剂擦除。由于钙钛矿及其衍生物的溶解性高，可根据实际需要，随时擦除或重复涂膜，实现形状记忆高分子材料在光响应和光惰性之间的可逆切换。可逆的光响应和光惰性的切换在很多应用中非常重要。例如，当具有光热效应物质的形状记忆高分子材料用于电子器件时，在完成形状记忆过程后应转化为光惰性，否则持续的光照带来的高温不仅会影响电子器件的性能，还会造成形状记忆材料"疲劳"，并引发潜在的安全隐患。

综上所述，本章研究的主旨是将 $ABX_3$ 钙钛矿引入形状记忆高分子材料体系，以期实现普通的热致型形状记忆高分子材料的太阳光响应，及其在光响应和光惰性之间的可逆切换。这不仅能拓宽钙钛矿除太阳能电池、发光二极管以外的应用，更能拓宽形状记忆材料在机器人、航天材料等领域的应用。本章研究所用的 $ABX_3$ 钙钛矿材料为甲基氨基碘化铅（$CH_3NH_3PbI_3$），所用形状记忆高分子材料为普通双酚 A 环氧树脂类玻璃高分子 Vitrimer，从而构建钙钛矿-普通环氧树脂基类玻璃高分子复合材料（$CH_3NH_3PbI_3$-Vitrimer）。

# 4.1　材料制备

## 4.1.1　药品和试剂

表 4.1　实验所用药品和试剂

| 药品名称 | 纯度 | 试剂公司 | 用法 |
| --- | --- | --- | --- |
| 双酚 A 二缩水甘油醚 | DER 332 | Sigma-Aldrich | 干燥保存，直接使用 |
| 己二酸 | >99.0% | TCI Chemicals | 干燥保存，直接使用 |

续表

| 药 品 名 称 | 纯　　　度 | 试 剂 公 司 | 用　　法 |
|---|---|---|---|
| 1,5,7-三叠氮双环[4.4.0]癸-5-烯(TBD) | >98.0% | TCI Chemicals | 干燥保存,直接使用 |
| 碘化铅(PbI$_2$) | >99.0% | Sigma-Aldrich | 干燥保存,直接使用 |
| 甲胺 | 40%的水溶液 | TCI Chemicals | 直接使用 |
| 氢碘酸 | 57 wt%水溶液 | Sigma-Aldrich | 直接使用 |
| γ-丁内酯 | >99.0% | TCI Chemicals | 直接使用 |
| DMF | AR | 北京化工厂 | 直接使用 |
| 碳纳米管 | >98% | 中国科学院成都有机化学有限公司 | 干燥保存,直接使用 |
| 4,4'-二羟基联苯 | 97% | 阿拉丁 | 直接使用 |
| 环氧氯丙烷 | AR | 阿拉丁 | 直接使用 |
| 癸二酸 | >98.0% | TCI Chemicals | 干燥保存,直接使用 |
| 异丙醇 | AR | 北京化工厂 | 直接使用 |
| 1,4-二氧六环 | AR | 北京化工厂 | 直接使用 |
| 氢氧化钠 | AR | 北京化工厂 | 直接使用 |

## 4.1.2　仪器

**表 4.2　实验所用仪器**

| 仪 器 名 称 | 名 称 缩 写 | 仪 器 公 司 | 仪 器 型 号 |
|---|---|---|---|
| 台式粉末压片机 | 无 | 天津市思创精实科技发展有限公司 | FY-15 型 |
| 傅里叶转换红外光谱仪 | FT-IR | Perkin Elmer | Spectrum 100 |
| 差示扫描量热仪 | DSC | TA Instruments | Q2000 |
| 热失重分析仪 | TGA | TA Instruments | Q50 |
| 动态机械分析仪 | DMA | TA Instruments | Q800 |
| 旋转涂膜仪 | 无 | 中国赛德凯斯电子有限责任公司 | KW-4L |
| 紫外-可见光分光光度计 | UV-Vis | Perkin Elmer | Lambda 750 |
| 热台 | 无 | Linkam | LTS420E |
| 多晶 X 射线衍射仪 | XRD | Bruker | D8 ADVANCE |
| 冷场发射电子显微镜 | SEM | 日立 | SU-8010 |
| 模拟太阳光光源 | 无 | 北京市中教金源科技有限公司 | CEL-S500 |

| 仪器名称 | 名称缩写 | 仪器公司 | 仪器型号 |
|---|---|---|---|
| 小型离子溅射仪 | 无 | 北京意力博通技术发展有限公司 | ETD-2000 |
| 红外热成像仪 | 无 | FLIR | E40 |

### 4.1.3　制备方法

#### 4.1.3.1　钙钛矿 $CH_3NH_3PbI_3$ 的合成

$CH_3NH_3PbI_3$ 由 $CH_3NH_3I$ 和 $PbI_2$ 反应制备。等物质的量的 $CH_3NH_3I$ 和 $PbI_2$ 溶解于 γ-丁内酯后，60℃搅拌过夜。用滴涂法将上述溶液滴涂到玻璃片上，加热到 100℃ 退火 30 min，即可得到 $CH_3NH_3PbI_3$ 产物[128]。产率为 90%。$CH_3NH_3PbI_3$ 的前驱溶液（0.02 g $CH_3NH_3PbI_3$ 溶解于 0.2 mL DMF 中）用于以下实验来制备 $CH_3NH_3PbI_3$ 涂层。

#### 4.1.3.2　Vitrimer 的制备

反应方程式如图 4.1 所示，将 0.34 g(1 mmol)双酚 A 二缩水甘油醚和 0.146 g(1 mmol)己二酸置于覆盖有聚四氟乙烯膜的培养皿中，于加热套中熔融(约 180℃)，并轻轻搅拌使其混合均匀。再加入 27.8 mg(0.2 mmol，10% 环氧基或羧基当量)TBD，边加入边搅拌使混合物混合均匀，待反应体系黏度增大(黏度很大但还未反应至固体、可以拉丝时)取出稍冷，将预聚物放在两层聚四氟乙烯膜中，用不同厚度的锡纸作为垫片来控制薄膜厚度，在压片机中(4 MPa、180℃)固化 4.5 h，即得到目标厚度的 Vitrimer 薄膜。

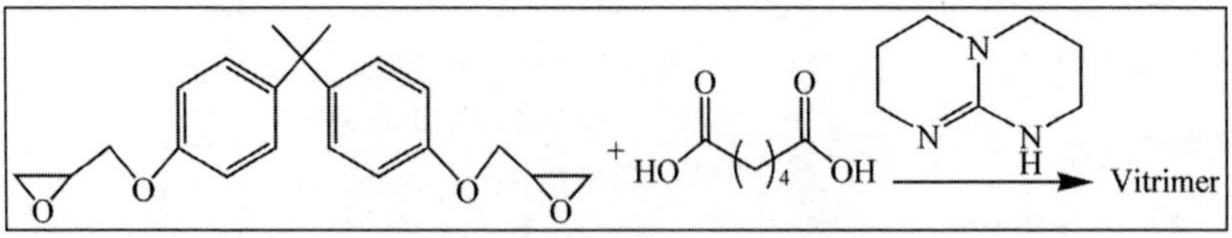

图 4.1　Vitrimer 的合成方程式

#### 4.1.3.3　xLCE 的制备

xLCE 的制备步骤为：将 0.298 g(1 mmol)环氧树脂液晶基元单体(DGE-DHBP)和 0.202 g(1 mmol)癸二酸置于覆盖有聚四氟乙烯膜的培养

皿中,于加热套中熔融(约 180℃),并轻轻搅拌使其混合均匀。再加入
13.9 mg(0.1 mmol,5%环氧基或羧基当量)TBD,边加入边搅拌使混合物
混合均匀,待反应体系黏度增大(黏度很大但还未反应至固体、可以拉丝时)
取出稍冷,将预聚物放在两层聚四氟乙烯膜中,用不同厚度的锡纸作为垫片
来控制薄膜厚度,在压片机中(4 MPa、180℃)固化 4.5 h,即得到目标厚度
的 xLCE 薄膜。

### 4.1.3.4　$CH_3NH_3PbI_3$-Vitrimer 的制备

钙钛矿涂层的制备方法和其在太阳能电池的制备一样[128]。如图 4.2
所示,将 $CH_3NH_3PbI_3$ 的 DMF 前驱溶液用旋涂(3000 r/min/20 s)或滴涂
(用滴管)的方法覆盖在环氧树脂类玻璃高分子材料 Vitrimer 表面,再
110℃退火挥发溶剂,即可在 Vitrimer 表面负载一层黑色的 $CH_3NH_3PbI_3$
涂层。

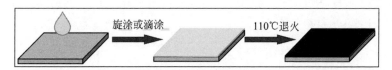

图 4.2　$CH_3NH_3PbI_3$-Vitrimer 的制备

## 4.2　$CH_3NH_3PbI_3$-Vitrimer 的 $CH_3NH_3PbI_3$ 涂层表征

将 $CH_3NH_3PbI_3$-Vitrimer 材料在液氮中掰断,用冷场发射电子显微
镜(日立 SU-8010)观察 $CH_3NH_3PbI_3$-Vitrimer 的断面。从图 4.3 可以看
出,$CH_3NH_3PbI_3$ 涂层厚度约为 6 μm。

图 4.3　$CH_3NH_3PbI_3$-Vitrimer 的 $CH_3NH_3PbI_3$ 涂层的断面 SEM 图

用 SEM 观察涂层表面,从图 4.4 可以看出,$CH_3NH_3PbI_3$ 涂层的表面形貌是密集的针尖状。相比没有负载 $CH_3NH_3PbI_3$ 涂层的对比样,空白 Vitrimer 的表面则是光滑的。

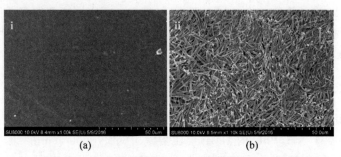

(a)　　　　　　　　　　(b)

图 4.4　Vitrimer 表面(a)和负载 $CH_3NH_3PbI_3$ 涂层的 Vitrimer 表面(b)的 SEM 图

从图 4.5 的多晶 X 射线衍射仪(XRD,Bruker D8 ADVANCE)结果也可以看出,$CH_3NH_3PbI_3$ 晶形峰明显存在,证明确实有一层钙钛矿涂层负载在 Vitrimer 材料的表面。

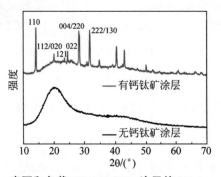

图 4.5　Vitrimer 表面和负载 $CH_3NH_3PbI_3$ 涂层的 Vitrimer 表面的 XRD 图

## 4.3　$CH_3NH_3PbI_3$-Vitrimer 的热力学性能

对 $CH_3NH_3PbI_3$-Vitrimer 材料进行一系列的热学和力学性能的表征,发现 $CH_3NH_3PbI_3$ 涂层对环氧树脂类玻璃高分子基底材料的热力学性质没有明显影响,具体分析如下。

### 4.3.1　玻璃化转变温度

$CH_3NH_3PbI_3$-Vitrimer 的玻璃化转变温度用 DSC 表征,扫描速度为

10℃/min。如图 4.6 所示，负载 $CH_3NH_3PbI_3$ 后，材料的玻璃化转变温度 $T_g$ 与不负载 $CH_3NH_3PbI_3$ 的空白样相似，$T_g$ 都约为 45℃。

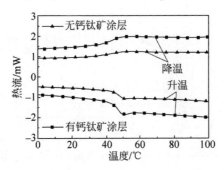

图 4.6　Vitrimer 和 $CH_3NH_3PbI_3$-Vitrimer 的 DSC 曲线

### 4.3.2　热分解温度

将 $CH_3NH_3PbI_3$-Vitrimer 材料在 TGA 空气氛围中燃烧，升温速度为 20℃/min。如图 4.7 所示，材料的开始分解温度均为 250℃，失重 5% 时约为 350℃。可见，负载 $CH_3NH_3PbI_3$ 后，对材料的分解温度没有太大影响。

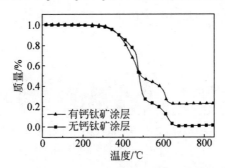

图 4.7　Vitrimer 和 $CH_3NH_3PbI_3$-Vitrimer 的 TGA 曲线

### 4.3.3　力学性能

用 DMA 测量 $CH_3NH_3PbI_3$-Vitrimer 材料的拉伸性能。裁剪一个长条形的 $CH_3NH_3PbI_3$-Vitrimer 材料（尺寸：15 mm×2.5 mm×0.15 mm）于室温 25℃、初始应力 3 kPa、拉伸速度 0.5 N/min 下拉伸，直至拉断。从图 4.8 的应力-应变曲线可以看出，材料在负载 $CH_3NH_3PbI_3$ 前后，拉伸性能无明显差别。可见 $CH_3NH_3PbI_3$ 涂层对环氧树脂类玻璃高分子本身的力学性能没有明显影响。

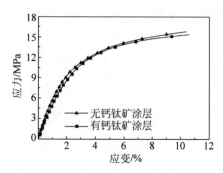

图 4.8　Vitrimer 和 $CH_3NH_3PbI_3$-Vitrimer 的应力-应变曲线

### 4.3.4　热致形状记忆性能

$CH_3NH_3PbI_3$ 涂层不影响环氧树脂类玻璃高分子的热致形状记忆性能。如图 4.9 所示,长条形 $CH_3NH_3PbI_3$-Vitrimer 材料(i)在 80℃电热套中在外力作用下塑成波浪形状(ii)后取出,冷却至室温,则波浪形状暂时被固定下来。当波浪形状再置于 80℃电热套中时,立即恢复到原始的长条形状(iii)。可见,$CH_3NH_3PbI_3$-Vitrimer 材料具有优异的热致形状记忆性能。

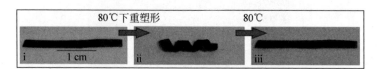

图 4.9　$CH_3NH_3PbI_3$-Vitrimer 的热诱导形状记忆性能

## 4.4　$CH_3NH_3PbI_3$-Vitrimer 的太阳光响应

### 4.4.1　$CH_3NH_3PbI_3$ 的光热效应

负载 $CH_3NH_3PbI_3$ 涂层至环氧树脂类玻璃高分子表面的目的是使普通的热致型环氧树脂类玻璃高分子具有太阳光响应。为此,需先对 $CH_3NH_3PbI_3$ 涂层的光响应进行研究。

从紫外-可见吸收光谱(图 4.10)可以看出,$CH_3NH_3PbI_3$-Vitrimer 在

较宽波长范围内都有吸收,而没有负载 $CH_3NH_3PbI_3$ 涂层的空白 Vitrimer 在这个范围内几乎没有吸收。

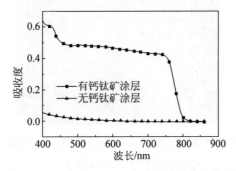

**图 4.10　Vitrimer 和 $CH_3NH_3PbI_3$-Vitrimer 的紫外-可见吸收光谱**

采用同样的方法在玻璃片表面负载一层 $CH_3NH_3PbI_3$ 涂层,并将其置于模拟太阳光(光强:120 $mW/cm^2$)下照射。用红外热成像仪实时监测其温度。如图 4.11 所示,光照 20 s 后,负载 $CH_3NH_3PbI_3$ 涂层的玻璃片能达到约 58.5℃。由此可见,$CH_3NH_3PbI_3$ 涂层具有光热效应。

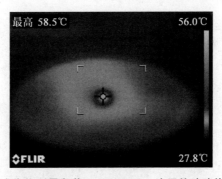

**图 4.11　红外热成像仪测量负载 $CH_3NH_3PbI_3$ 涂层的玻璃片在光照时的温度**
**(光强:120 $mW/cm^2$)(见文前彩图)**

同理,将 $CH_3NH_3PbI_3$-Vitrimer 材料置于模拟太阳光(光强:120 $mW/cm^2$)下照射,并用红外热成像仪实时监测其温度。结果如图 4.12 所示,待光照 20 s 后,$CH_3NH_3PbI_3$-Vitrimer 材料能达到约 56.4℃。

对比了 $CH_3NH_3PbI_3$ 涂层与 CNT 涂层、金纳米颗粒涂层的光热效应。负载 CNT 涂层的环氧树脂类玻璃高分子复合材料的制备方法与 $CH_3NH_3PbI_3$-Vitrimer 的制备方法相似,即 0.02 g CNT 加入到 0.2 mL DMF

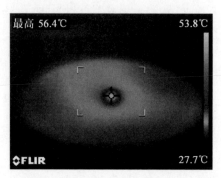

**图 4.12　红外热成像仪测量 $CH_3NH_3PbI_3$-Vitrimer 在光照时的温度**
**（光强：$120\ mW/cm^2$）（见文前彩图）**

后超声 30 min，将该溶液旋涂（（3000 r/min）/20 s）在环氧树脂类玻璃高分子材料表面，再 110℃ 退火挥发溶剂，即可在环氧树脂类玻璃高分子材料表面得到一层黑色的 CNT 涂层，如图 4.13 左图 sp2 所示。金纳米颗粒涂层通过小型离子溅射仪（北京意力博通技术发展有限公司，ETD-2000）喷洒金纳米颗粒获得，喷金电流为 10 mA，时间为 60 s，如图 4.13 左图 sp3 所示。

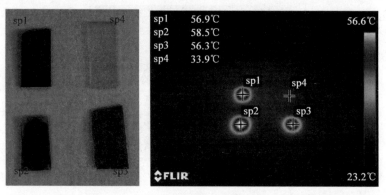

**图 4.13　负载 $CH_3NH_3PbI_3$（sp1）、CNT（sp2）、金纳米颗粒（sp3）涂层的环氧树脂类**
**玻璃高分子与空白样（sp4）的光热效应对比（见文前彩图）**

　　将负载 $CH_3NH_3PbI_3$ 涂层、CNT 涂层、金纳米颗粒涂层的环氧树脂类玻璃高分子复合材料与空白的环氧树脂类玻璃高分子材料同时放在模拟太阳光（光强：$120\ mW/cm^2$）下照射，光热效应的结果如图 4.13 所示。"透明的"环氧树脂类玻璃高分子空白样（sp4）没有光热效应。而负载 CNT、金纳米颗粒和 $CH_3NH_3PbI_3$ 涂层的环氧树脂类玻璃高分子复合材料都具有优异的光热效应。对比之下，$CH_3NH_3PbI_3$ 的光热效应（sp1,56.9℃）比金纳米颗粒（sp3,56.3℃）稍强一些，但比 CNT（sp2,58.5℃）稍弱一些。

此外，对影响 $CH_3NH_3PbI_3$ 光热效应的因素进行了研究，包括光强、$CH_3NH_3PbI_3$ 涂层厚度、环氧树脂玻璃高分子基底材料的厚度。

通过定量研究，从图 4.14 中折线的趋势来看，模拟太阳光的光强越大，$CH_3NH_3PbI_3$ 的光热效应使 $CH_3NH_3PbI_3$-Vitrimer 材料上升的温度也越高。当光强为 150 mW/cm$^2$ 时，材料的温度高于 70℃。由此可知，当光强继续增大时，材料升高的温度也将继续升高。

在研究环氧树脂类玻璃高分子的厚度对光热效应的影响时，用由暂

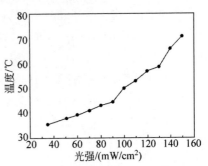

图 4.14　模拟太阳光光强对光热效应的影响

时形状恢复至原始形状所需时间的长短来反映。首先制备不同厚度（0.05 mm,0.10 mm,0.15 mm,0.20 mm,0.25 mm,0.30 mm）的环氧树脂类玻璃高分子材料，各裁剪一个同尺寸（10 mm×2 mm）的样条后，均滴涂一层 6 μm 厚的 $CH_3NH_3PbI_3$ 涂层，再分别将各样条放在 80℃电热套中于外力作用下拉伸 50% 后取出并冷却至室温。将被拉伸的样条都置于光强为 120 W/cm$^2$ 的模拟太阳光下照射，记录每个样条恢复至原始长度所需要的时间。结果如表 4.3 所示，随着环氧树脂类玻璃高分子材料厚度的增加，响应时间也逐渐增加。这主要是因为环氧树脂类玻璃高分子材料自身的热传导性能不高[137]。材料越厚，$CH_3NH_3PbI_3$ 的光热效应使整个材料温度升高所需的时间也越长，从而形状记忆的响应时间也越长。

表 4.3　环氧树脂类玻璃高分子的厚度对光热效应的影响

| 样品厚度/mm | 响应时间/s | 样品厚度/mm | 响应时间/s |
| --- | --- | --- | --- |
| 0.05 | 8 | 0.20 | 39 |
| 0.10 | 17 | 0.25 | 50 |
| 0.15 | 30 | 0.30 | 64 |

在研究 $CH_3NH_3PbI_3$ 涂层的厚度对光热效应的影响时，首先裁剪 3 个同尺寸的环氧树脂类玻璃高分子（10 mm×2 mm×0.15 mm）样条，分别滴

涂一层厚度为 3 μm、6 μm、9 μm 的 $CH_3NH_3PbI_3$ 涂层,再分别将每个样条放在 80℃ 电热套中于外力作用下拉伸 50% 后取出并冷却至室温。将被拉伸的样条都置于光强为 120 $W/cm^2$ 的模拟太阳光下照射,记录每个样条恢复至原始长度所需要的时间。结果如表 4.4 所示,随着 $CH_3NH_3PbI_3$ 涂层厚度的增加,响应时间先减少后增加。这是因为 $CH_3NH_3PbI_3$ 涂层较薄(3 μm)时,$CH_3NH_3PbI_3$ 的光热效应不强,使基底材料升温速率慢,所以响应时间较长。随着 $CH_3NH_3PbI_3$ 涂层厚度的增加(6 μm),升温速率增加,反应时间缩短。但随着 $CH_3NH_3PbI_3$ 涂层的继续增厚(9 μm),厚的 $CH_3NH_3PbI_3$ 涂层阻碍热传导至基底材料中,$CH_3NH_3PbI_3$ 的光热效应使整个材料温度升高所需的时间反而增长,从而形状记忆的响应时间也增长。

表 4.4　$CH_3NH_3PbI_3$ 涂层的厚度对光热效应的影响

| $CH_3NH_3PbI_3$ 涂层厚度/μm | 响应时间/s |
| --- | --- |
| 3 | 54 |
| 6 | 30 |
| 9 | 35 |

综合上述对 $CH_3NH_3PbI_3$ 光热效应的影响因素的研究结果,在本章后面的实验中,$CH_3NH_3PbI_3$ 涂层厚度为 6 μm,环氧树脂类玻璃高分子材料厚度为 0.15 mm。

### 4.4.2　模拟太阳光响应

从 4.4.1 节结果可知,$CH_3NH_3PbI_3$ 具有很强的光热效应。在模拟太阳光(光强:120 $W/cm^2$)的照射下,$CH_3NH_3PbI_3$ 吸收光并转化为大量的热,使环氧树脂类玻璃高分子基底迅速升温,达到 56.4℃(高于 $T_g$)。因此,$CH_3NH_3PbI_3$ 的光热效应使 $CH_3NH_3PbI_3$-Vitrimer 材料具有光诱导的形状记忆性能。如图 4.15 所示,在一个方形的环氧树脂类玻璃高分子材料(i)表面用旋涂方法负载一层 $CH_3NH_3PbI_3$ 涂层(ii),然后将 $CH_3NH_3PbI_3$-Vitrimer 材料放在 80℃ 电热套中于外力作用下塑成一个立体的暂时形状(iii),取出冷却至室温后,这个暂时形状被固定下来。再将暂时形状(iii)在模拟太阳光(光强:120 $W/cm^2$)下照射,其逐渐恢复成原始的平面薄膜形状(iv)。

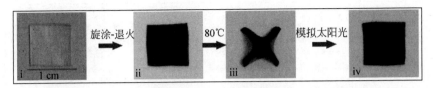

**图 4.15　模拟太阳光诱导的 $CH_3NH_3PbI_3$-Vitrimer 的形状记忆性能**

$CH_3NH_3PbI_3$-Vitrimer 材料的光致形状记忆性能可用来做功,如提起重物。如图 4.16 所示,将 $CH_3NH_3PbI_3$-Vitrimer 材料放在 80℃电热套中于外力作用下拉伸 40%后取出并冷却,则被拉伸 40%的长度被暂时固定下来。再将其竖直地吊一个夹子(夹子重 2.9 g)。将吊着夹子的 $CH_3NH_3PbI_3$-Vitrimer 材料在模拟太阳光(光强:120 W/cm$^2$)下照射,由于形状记忆性能,材料收缩,提起夹子,从而做机械功。而没有负载 $CH_3NH_3PbI_3$ 涂层的空白样在拉伸 40%后进行同样的操作,因"透明的"环氧树脂类玻璃高分子没有吸光变热的性能,光照后夹子未被提起。

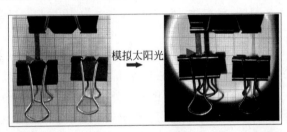

**图 4.16　用模拟太阳光诱导的 $CH_3NH_3PbI_3$-Vitrimer 的形状记忆性能拉起重物**

左图为材料在拉伸前的原始长度

还能实现 $CH_3NH_3PbI_3$-Vitrimer 的逐步光致形状记忆性能。如图 4.17 所示,在长条形的环氧树脂类玻璃高分子薄膜表面上间隔地负载三个方形的 $CH_3NH_3PbI_3$ 涂层(i)。将其放在 80℃电热套中于外力作用下塑成一个"W"形状(ii),且"W"的每个转折点都在负载 $CH_3NH_3PbI_3$ 涂层的位置,随后取出冷却至室温,则"W"形状被暂时固定下来。再将"W"形状的每个转折点分别、逐步地置于模拟太阳光(光强:120 W/cm$^2$)下照射(照射每个转折点时,其他的转折点用挡板挡住光线),则受到光照的每个转折点分别、分步地恢复到平面形状,最终"W"形状恢复到原始的平面长条形状(v),从而实现逐步的光致形状记忆性能。

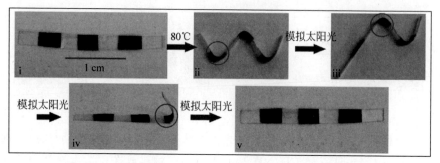

**图 4.17    $CH_3NH_3PbI_3$-Vitrimer 的逐步恢复的光致形状记忆性能**

### 4.4.3    真实太阳光响应

虽然真实太阳光的光强通常很小（低于 120 $W/cm^2$），但 $CH_3NH_3PbI_3$-Vitrimer 仍具有响应性，这在过去很少被报道。本章中 $CH_3NH_3PbI_3$-Vitrimer 的真实太阳光响应实验是在 2016 年 6 月 4 日正午时间进行的，当天天气晴朗，气温为 16～26℃，坐标为 40°0′17″/116°18′48″，太阳光光强为 35.8 $mW/cm^2$。

如图 4.18 所示，用普通环氧树脂类玻璃高分子材料裁剪一个方形盒子展开后的平面形状，并在上盖和邻面的连接处负载一层 $CH_3NH_3PbI_3$ 涂层。将其放在 80℃ 电热套中于外力作用下塑成一个盒子，且上盖和邻面的折线恰好在 $CH_3NH_3PbI_3$ 涂层处，取出冷却至室温，则立体盒子形状暂时被固定下来。再将立体的盒子置于真实太阳光（光强：35.8 $mW/cm^2$）下照射，在照射 4 min 后，$CH_3NH_3PbI_3$ 涂层吸光变热使盒子的上盖逐渐打开，而盒子的其他部位因无吸光生热的性能仍保持形状不变。

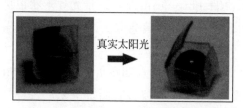

**图 4.18    盒子在真实太阳光的照射下逐渐打开**

在这个实验中，上盖打开所需的时间较长（4 min），这是因为实验当天的光强较低（35.8 $mW/cm^2$），光致生热使材料上升的温度也较低，所以形状记忆响应的时间较长。这可以从光照时间的定量研究中得以证实。将

$CH_3NH_3PbI_3$-Vitrimer 置于真实太阳光下照射 15 min，每隔 30 s 用红外热成像仪测量由光热效应使材料升高的温度。如图 4.19 所示，随着光照时间的延长，$CH_3NH_3PbI_3$ 光热效应使 $CH_3NH_3PbI_3$-Vitrimer 材料上升的温度刚开始先增加，后面几乎达到平衡。光照 3 min，材料的温度达到37℃。37℃虽然偏低，但仍在 $CH_3NH_3PbI_3$-Vitrimer 材料的玻璃化转变温度范围内，因此需要光照较长的时间才能完全恢复。如果在光强更大的太阳光(如夏天或赤道附近，赤道附近光强通常为 100 $mW/cm^2$)下照射，那么需要的光照时间会缩短。

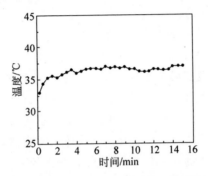

**图 4.19　真实太阳光(光强：35.8 $mW/cm^2$)的光照时间对光热效应的影响**

如图 4.20 所示，裁剪一个长条形的环氧树脂类玻璃高分子，将其一半负载 $CH_3NH_3PbI_3$ 涂层(i)后，放在 80℃ 电热套中于外力作用下塑成波浪状(ii)，取出冷却至室温，则波浪的形状暂时被固定下来。再将波浪形状置于真实太阳光下(光强：35.8 $mW/cm^2$)照射。照射 10 min 后，负载 $CH_3NH_3PbI_3$ 的部分逐渐恢复成平面状，而另一部分仍保持波浪状(iii)。

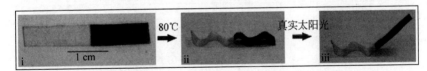

**图 4.20　真实太阳光诱导的 $CH_3NH_3PbI_3$-Vitrimer 的形状记忆性能**

## 4.5　$CH_3NH_3PbI_3$-Vitrimer 的可擦写性能

因钙钛矿及其衍生物易溶于水和有机溶剂，钙钛矿涂层可以被水和有机溶剂擦除，使环氧树脂类玻璃高分子无光响应性能(为光惰性)。但擦除钙钛矿涂层后的环氧树脂类玻璃高分子由于保持了完好的原始性能,可以重复地负载钙钛矿涂层,恢复其光响应性。这样反复地负载与擦除钙钛矿涂层能使环氧树脂类玻璃高分子在光响应和光惰性之间可逆切换。

环氧树脂类玻璃高分子在光响应和光惰性之间可逆切换的具体实现步骤为:将 $CH_3NH_3PbI_3$ 的 DMF 前驱溶液用旋涂或滴涂的方法覆盖在环氧树脂类玻璃高分子表面,并在 110℃ 退火挥发溶剂,则在环氧树脂类玻璃高分子表面得到一层黑色的 $CH_3NH_3PbI_3$ 涂层。然后用水或有机溶剂擦除 $CH_3NH_3PbI_3$ 涂层。重复负载涂层和擦除涂层的循环步骤,即可在光响应和光惰性之间可逆切换。

如图 4.21 所示,原始的环氧树脂类玻璃高分子形状记忆材料(i)不具有光响应性,为光惰性。负载一层 $CH_3NH_3PbI_3$ 涂层(ii)后,具有光响应性。将其放在 80℃ 电热套中于外力作用下塑成一个立体的形状(iii)后取出并冷却,则暂时形状(iii)被固定下来。再将其置于模拟太阳光(光强: $120\ W/cm^2$)下光照,临时形状(iii)逐渐恢复至原始的平面形状(iv)。用水擦除 $CH_3NH_3PbI_3$ 涂层,即恢复成原始的环氧树脂类玻璃高分子材料(v),此时又为光惰性。再负载一层新的三角形图案的 $CH_3NH_3PbI_3$ 涂层(vi)

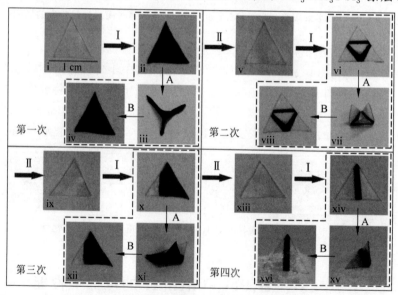

**图 4.21　$CH_3NH_3PbI_3$-Vitrimer 在光响应和光惰性之间可逆切换(Ⅰ:负载钙钛矿涂层;Ⅱ:用水擦除钙钛矿涂层;A:80℃电热套中于外力作用下塑成新的暂时形状;B:模拟太阳光下恢复至原始形状)**

后,该材料又具有新模式的光响应性(vii)。如此反复两次。

因此,此方法不仅能实现形状记忆材料在光响应和光惰性之间可逆切换,还能通过负载不同图案的涂层来实现不同模式的光响应。这不仅能拓宽钙钛矿及其衍生物除太阳能电池以外的应用,更能拓宽形状记忆材料的应用,包括在机器人、航天材料等领域的应用。

## 4.6　CH$_3$NH$_3$PbI$_3$-Vitrimer 的"密封"稳定性

如前所述,因钙钛矿及其衍生物对水、高温、空气、有机溶剂等都很敏感,易分解,因此很多研究者致力于提高钙钛矿的稳定性,延长其使用寿命[138-140]。在用于太阳能电池时,通常将钙钛矿及其衍生物采用"封装"的方法,将钙钛矿及其衍生物"密封"在太阳能电池中,与空气和水隔绝来提高稳定性[141]。因此,针对该问题,在本章的研究中,也采用"封装"的方法,将CH$_3$NH$_3$PbI$_3$"密封"在两层环氧树脂类玻璃高分子中间。

如图 4.22 所示,裁剪两块长方形的环氧树脂类玻璃高分子材料,在其中一块的中央负载一层 CH$_3$NH$_3$PbI$_3$ 涂层(四周没有涂层);将另一块长方形的环氧树脂类玻璃高分子材料盖上,用适当的外力将两片薄膜充分接触后,保持外力于 100℃ 电热套中放置 5 min。则两片薄膜的四周(没有CH$_3$NH$_3$PbI$_3$ 涂层的四边)焊接重塑成了一个完整的、中空的结构,将CH$_3$NH$_3$PbI$_3$ 涂层完好地"密封"在里面,与外界隔离,从而能更长时间地保持 CH$_3$NH$_3$PbI$_3$ 涂层的稳定性。

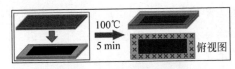

**图 4.22　"封装"示意图**

在第 2 章和第 3 章中,TBD 催化剂的含量为环氧基团(或羧基)当量的5%。但在本章实验中,TBD 催化剂的含量为环氧基团(或羧基)当量的10%。这主要是因为催化剂含量越高,酯交换反应越快[7,98,142-145]。因钙钛矿长时间在高温下容易分解,所以提高催化剂含量,使其在稍低温下(100℃)能进行快速的酯交换反应达到"封装"效果。

由于上层环氧树脂类玻璃高分子材料为透明的,没有吸光生热的性能,所以"封装"了 CH$_3$NH$_3$PbI$_3$ 涂层的 CH$_3$NH$_3$PbI$_3$-Vitrimer 双层结构仍具有光致形状记忆性能。如图 4.23 所示,将双层膜放入 80℃ 电热套于外力作用下塑成一个卷筒(i),取出并冷却至室温后,卷筒形状被临时固定下来。当卷筒形状置于模拟太阳光(光强:120 W/cm$^2$)下照射时,卷筒逐渐打开,恢复成原始的平面形状(ii)。该"封装"的 $CH_3NH_3PbI_3$-Vitrimer 双层膜在空气中放置 4 个月后,仍保存完好,未见分解。

**图 4.23** "封装"$CH_3NH_3PbI_3$ 涂层的 $CH_3NH_3PbI_3$-Vitrimer 双层膜的光致形状记忆性能

## 4.7　$CH_3NH_3PbI_3$-Vitrimer 的多样性

除了用上述普通的双酚 A 环氧树脂类玻璃高分子材料作为形状记忆基底材料,还将 $CH_3NH_3PbI_3$ 涂层负载在其他的形状记忆材料(如液晶环氧树脂类玻璃高分子材料(xLCE))表面。同样地,负载 $CH_3NH_3PbI_3$ 涂层的液晶环氧树脂类玻璃高分子材料($CH_3NH_3PbI_3$-xLCE)也具有光响应性。

如图 4.24 所示,裁剪一个长条形的 xLCE 材料(i),用滴涂方式在表面负载一层 $CH_3NH_3PbI_3$ 涂层(ii),再将 $CH_3NH_3PbI_3$-xLCE 放在 80℃ 电热套中于外力作用下塑成锯齿形状(iii),取出后冷却至室温,则锯齿形状被临时固定下来。再将锯齿形状在模拟太阳光下(光强:120 W/cm$^2$)照射,则逐渐恢复成原始的平面薄膜形状(iv)。

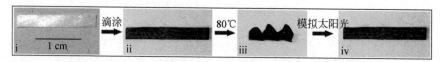

**图 4.24**　$CH_3NH_3PbI_3$-xLCE 的光响应和形状记忆性能

因此,$CH_3NH_3PbI_3$-xLCE 钙钛矿可使很多现有的普通热致型形状记忆高分子材料无须新的合成制备就有太阳光响应性能,从而拓宽了形状记忆材料在多个领域的潜在应用。

# 4.8　小　　结

本章介绍了一种新的具有优异光热效应的物质——$CH_3NH_3PbI_3$ 钙钛矿。将 $CH_3NH_3PbI_3$ 钙钛矿负载在传统的热致型形状记忆高分子材料的表面,可使大范围的普通热致型形状记忆高分子材料具有太阳光响应和光致形状记忆性能。更重要的是,$CH_3NH_3PbI_3$ 钙钛矿涂层可轻易地被擦除和重新负载,使材料在光响应和光惰性之间可逆切换。

这种方法不仅无须重新制备材料就可使普通热致型形状记忆高分子材料具有光响应,而且以太阳光作为驱动力,具有环保、可持续及低成本的优点。能源短缺是当今世界面临的一大挑战,而太阳能无疑是最丰富的可再生能源。$CH_3NH_3PbI_3$ 钙钛矿涂层能将太阳能直接转化为机械能,使负载钙钛矿涂层的形状记忆高分子材料在机器人、太空可展开面板、马达、包装材料等领域有潜在的应用前景。钙钛矿及其衍生物涂层也有望应用在其他直接将太阳能转换为热能的领域。

# 第5章 结论与展望

本书将具有光热效应的碳纳米管和 $CH_3NH_3PbI_3$ 钙钛矿引入不同的环氧树脂(液晶与非液晶体系)类玻璃高分子中,使环氧树脂类玻璃高分子复合材料具有简单的光控再加工性能。具体结论如下:

在第 2 章中,将具有光热效应的碳纳米管引入普通双酚 A 型环氧树脂类玻璃高分子中,实现了环氧树脂类玻璃高分子复合材料的光响应和远程、局部、原位、高效的光控再加工性能(光照焊接、光照愈合、光照重塑形)。这非常有望应用于自愈性环氧树脂涂层和胶黏剂领域。

在第 3 章中,将碳纳米管引入液晶型环氧树脂类玻璃高分子(液晶弹性体)中,使液晶弹性体能通过光照实现动态三维结构的制备、驱动、重塑形、焊接、愈合、变形、恢复、回收利用、耐低温等一系列优异的性能。这在人工肌肉、盲人触摸显示器、微型机器人等领域都有十分潜在的应用前景。

在第 4 章中,发现了一种新型的具有优异光热效应的物质——$CH_3NH_3PbI_3$ 钙钛矿。将 $CH_3NH_3PbI_3$ 钙钛矿负载在具有形状记忆功能的双酚 A 型环氧树脂类玻璃高分子中,能赋予其太阳光响应性。且不限于环氧树脂类玻璃高分子材料,这种方法无须重新制备材料就可使众多普通热致型形状记忆高分子材料具有太阳光响应性,具有环保、可持续和低成本等优点。更重要的是,由于 $CH_3NH_3PbI_3$ 钙钛矿涂层可轻易地被擦除和重新负载,使复合材料在光响应和光惰性之间能可逆切换。$CH_3NH_3PbI_3$ 钙钛矿涂层能将太阳能直接转化为机械功,从而使负载钙钛矿涂层的形状记忆高分子材料在机器人、太空可展开面板、马达、包装材料等领域有潜在的应用前景。

综上所述,本书用光作为刺激源,实现了环氧树脂材料的光控再加工性能(焊接、愈合、重塑形等);还结合液晶环氧树脂的可逆驱动,实现了动态三维结构的制备、愈合、恢复、焊接、耐低温等一系列的优异性能;还使众多普通热致型形状记忆材料无须重新制备就具有太阳光响应、能在光响应和光惰性之间可逆切换。这不仅避免了高温再加工带来的不足,还具有远程、局部控制的优点;有利于拓宽环氧树脂的应用范围,简化环氧树脂材料的处理问题,还能减少资源浪费。除了碳纳米管和钙钛矿,还有其他的光热转换物质(如石墨烯、炭黑等)都可用于调控环氧树脂类玻璃高分子材料的光控再加工性能。今后,笔者将继续研究类玻璃高分子的交换反应动力学,为类玻璃环氧树脂应用于实际打好理论基础;还将基于液晶环氧树脂的三维动态高分子结构用于实际(如柔性机器人)做基础、实验阶段的研究,为其用于实际铺路。

# 参 考 文 献

[1]  陈平,刘胜平,王德中.环氧树脂及其应用[M].北京:化学工业出版社,2011.

[2]  孙曼灵.环氧树脂应用原理与技术[M].北京:机械工业出版社,2002.

[3]  胡玉明.环氧固化剂及添加剂[M].北京:化学工业出版社,2011.

[4]  李桂林.环氧树脂与环氧涂料[M].北京:化学工业出版社,2003.

[5]  俞翔霄,俞赟琪,陆惠英.环氧树脂电绝缘材料[M].北京:化学工业出版社,2007.

[6]  魏涛,董建军.环氧树脂在水工建筑物中的应用[M].北京:化学工业出版社,2007.

[7]  D. Montarnal, M. Capelot, F. Tournilhac, et al. Silica-like malleable materials from permanent organic networks[J]. Science,2011,334:965-968.

[8]  M. Capelot, D. Montarnal, F. Tournilhac, et al. Metal-catalyzed transesterification for healing and assembling of thermosets[J]. J. Am. Chem. Soc. , 2012, 134: 7664-7667.

[9]  Z. Pei, Y. Yang, Q. Chen, et al. Mouldable liquid-crystalline elastomer actuators with exchangeable covalent bonds[J]. Nat. Mater. ,2013,13:36-41.

[10]  张希.可多次塑型、易修复及耐低温的三维动态高分子结构[J].高分子学报, 2016,6:685-687.

[11]  C. N. Bowman, C. J. Kloxin. Covalent adaptable networks: reversible bond structures incorporated in polymer networks[J]. Angew. Chem. Int. Ed. ,2012, 51:4272-4274.

[12]  T. Maeda, H. Otsuka, A. Takahara. Dynamic covalent polymers: reorganizable polymers with dynamic covalent bonds[J]. Prog. Polym. Sci. ,2009,34:581-604.

[13]  R. J. Wojtecki, M. A. Meador, S. J. Rowan. Using the dynamic bond to access macroscopically responsive structurally dynamic polymers[J]. Nat. Mater. ,2010, 10:14-27.

[14]  S. J. Rowan, S. J. Cantrill, G. R. Cousins, et al. Dynamic covalent chemistry[J]. Angew. Chem. Int. Ed. ,2002,41:898-952.

[15]  W. G. Skene, J. -M. P. Lehn. Dynamers: polyacylhydrazone reversible covalent polymers,component exchange, and constitutional diversity[J]. Proc. Natl. Acad. Sci. USA,2004,101:8270-8275.

[16]  J. -M. Lehn. Dynamers: dynamic molecular and supramolecular polymers[J]. Prog. Polym. Sci. ,2005,30:814-831.

[17]　G. Deng,C. Tang,F. Li,et al. Covalent cross-linked polymer gels with reversible sol-gel transition and self-Healing properties[J]. Macromolecules,2010,43: 1191-1194.

[18]　P. Zheng, T. J. McCarthy. A surprise from 1954: siloxane equilibration is a simple,robust, and obvious polymer self-healing mechanism[J]. J. Am. Chem. Soc. ,2012,134: 2024-2027.

[19]　X. Chen, M. A. Dam, K. Ono, et al. A thermally re-mendable cross-linked polymeric material[J]. Science,2002,295: 1698-1702.

[20]　Y. Zhang, A. A. Broekhuis, F. Picchioni. Thermally self-healing polymeric materials: the next step to recycling thermoset polymers? [J]. Macromolecules, 2009,42: 1906-1912.

[21]　B. J. Adzima,H. A. Aguirre,C. J. Kloxin,et al. Rheological and chemical analysis of reverse gelation in a covalently cross-linked Diels-Alder polymer network[J]. Macromolecules,2008,41: 9112-9117.

[22]　P. Reutenauer,E. Buhler,P. e. J. Boul,et al. Room temperature dynamic polymers based on Diels—Alder chemistry[J]. Chem. -Eur. J. ,2009,15: 1893-1900.

[23]　Y. -X. Lu,F. o. Tournilhac, L. Leibler,et al. Making insoluble polymer networks malleable via olefin metathesis[J]. J. Am. Chem. Soc. ,2012,134: 8424-8427.

[24]　B. Ghosh,M. W. Urban. Self-repairing oxetane-substituted chitosan polyurethane networks[J]. Science,2009,323: 1458-1460.

[25]　M. Zhang,D. Xu,X. Yan,et al. Self-healing supramolecular gels formed by crown ether based host—guest interactions[J]. Angew. Chem. ,2012,124: 7117-7121.

[26]　T. F. Scott,A. D. Schneider,W. D. Cook,et al. Photoinduced plasticity in cross-linked polymers[J]. Science,2005,308: 1615-1617.

[27]　Z. Spitalsky,D. Tasis,K. Papagelis,et al. Carbon nanotube-polymer composites: chemistry,processing,mechanical and electrical properties[J]. Prog. Polym. Sci. , 2010,35: 357-401.

[28]　C. J. Kloxin, T. F. Scott, B. J. Adzima, et al. Covalent adaptable networks (CANS): a unique paradigm in cross-linked polymers[J]. Macromolecules,2010, 43: 2643-2653.

[29]　C. J. Kloxin,C. N. Bowman. Covalent adaptable networks: smart,reconfigurable and responsive network systems[J]. Chem. Soc. Rev. ,2013,42: 7161-7173.

[30]　W. Denissen,J. M. Winne,F. E. Du Prez. Vitrimers: permanent organic networks with glass-like fluidity[J]. Chem. Sci. ,2016,7: 30-38.

[31]　M. Capelot,M. M. Unterlass,F. Tournilhac,et al. Catalytic control of the vitrimer glass transition[J]. Acs Macro Lett. ,2012,1: 789-792.

[32]　J. P. Brutman,P. A. Delgado, M. A. Hillmyer. Polylactide vitrimers [J]. Acs Macro Lett. ,2014,3: 607-610.

[33] W. Denissen, G. Rivero, R. Nicolay, et al. Vinylogous urethane vitrimers[J]. Adv. Funct. Mater. ,2015,25: 2451-2457.

[34] R. C. Fuson. The principle of vinylogy[J]. Chem. Rev. ,1935,16: 1-27.

[35] M. M. Obadia, B. P. Mudraboyina, A. Serghei, et al. Reprocessing and recycling of highly cross-linked ion-conducting networks through transalkylation exchanges of C-N bonds[J]. J. Am. Chem. Soc. ,2015,137: 6078-6083.

[36] G. C. Vougioukalakis, R. H. Grubbs. Ruthenium-based heterocyclic carbene-coordinated olefin metathesis catalysts[J]. Chem. Rev. ,2010,110: 1746-1787.

[37] K. C. Nicolaou, P. G. Bulger, D. Sarlah. Metathesis reactions in total synthesis[J]. Angew. Chem. Int. Ed. ,2005,44: 4490-4527.

[38] A. K. Chatterjee, T. L. Choi, D. P. Sanders, et al. A general model for selectivity in olefin cross metathesis[J]. J. Am. Chem. Soc. ,2003,125: 11360-11370.

[39] Y. -X. Lu, Z. Guan. Olefin metathesis for effective polymer healing via dynamic exchange of strong carbon-carbon double bonds[J]. J. Am. Chem. Soc. ,2012, 134: 14226-14231.

[40] M. Scholl, S. Ding, C. W. Lee, et al. Synthesis and activity of a new generation of ruthenium-based olefin metathesis catalysts coordinated with 1,3-dimesityl-4,5-dihydroimidazol-2-ylidene ligands[J]. Org. Lett. ,1999,1: 953-956.

[41] B. Yang, Y. Zhang, X. Zhang, et al. Facilely prepared inexpensive and biocompatible self-healing hydrogel: a new injectable cell therapy carrier[J]. Polym. Chem. ,2012,3: 3235-3238.

[42] G. Deng, F. Li, H. Yu, et al. Dynamic hydrogels with an environmental adaptive self-Healing ability and dual responsive sol-gel transitions[J]. Acs Macro Lett. , 2012,1: 275-279.

[43] M. Ciaccia, R. Cacciapaglia, P. Mencarelli, et al. Fast transimination in organic solvents in the absence of proton and metal catalysts. A key to imine metathesis catalyzed by primary amines under mild conditions[J]. Chem. Sci. ,2013,4: 2253-2261.

[44] M. E. Belowich, J. F. Stoddart. Dynamic imine chemistry[J]. Chem. Soc. Rev. , 2012,41: 2003-2024.

[45] P. Taynton, K. Yu, R. K. Shoemaker, et al. Heat-or water-driven malleability in a highly recyclable covalent network polymer [J]. Adv. Mater. , 2014, 26: 3938-3942.

[46] V. V. Rajan, W. K. Dierkes, R. Joseph, et al. Science and technology of rubber reclamation with special attention to NR-based waste latex products[J]. Prog. Polym. Sci. ,2006,31: 811-834.

[47] R. Martin, A. Rekondo, A. Ruiz de Luzuriaga, et al. The processability of a poly (urea-urethane) elastomer reversibly crosslinked with aromatic disulfide bridges[J]. J. Mater. Chem. A,2014,2: 5710-5715.

[48] N. V. Tsarevsky, K. Matyjaszewski. Reversible redox cleavage/coupling of polystyrene with disulfide or thiol groups prepared by atom transfer radical polymerization[J]. Macromolecules,2002,35: 9009-9014.

[49] B. T. Michal,C. A. Jaye,E. J. Spencer,et al. Inherently photohealable and thermal shape-memory polydisulfide networks[J]. Acs Macro Lett. ,2013,2: 694-699.

[50] M. Pepels,I. Filot,B. Klumperman,et al. Self-healing systems based on disulfide-thiol exchange reactions[J]. Polym. Chem. ,2013,4: 4955-4965.

[51] J. Canadell, H. Goossens, B. Klumperman. Self-healing materials based on disulfide links[J]. Macromolecules,2011,44: 2536-2541.

[52] K. Mizuno, J. Ishii, H. Kishida, et al. A black body absorber from vertically aligned single-walled carbon nanotubes[J]. Proc. Natl. Acad. Sci. USA,2009,106: 6044-6047.

[53] R. Singh,S. V. Torti. Carbon nanotubes in hyperthermia therapy[J]. Adv. Drug Deliv. Rev. ,2013,65: 2045-2060.

[54] H. K. Moon,S. H. Lee,H. C. Choi. In vivo near-infrared mediated tumor destruction by photothermal effect of carbon nanotubes[J]. Acs Nano,2009,3: 3707-3713.

[55] N. W. S. Kam, M. O'Connell, J. A. Wisdom, et al. Carbon nanotubes as multifunctional biological transporters and near-infrared agents for selective cancer cell destruction[J]. Proc. Natl. Acad. Sci. USA,2005,102: 11600-11605.

[56] Z. Liu,W. Cai, L. He, et al. In vivo biodistribution and highly efficient tumour targeting of carbon nanotubes in mice[J]. Nat. Nanotechnol. ,2007,2: 47-52.

[57] Y. Ji,Y. Y. Huang, R. Rungsawang, et al. Dispersion and alignment of carbon nanotubes in liquid crystalline polymers and elastomers[J]. Adv. Mater. ,2010, 22: 3436-3440.

[58] M. Behl,A. Lendlein. Shape-memory polymers[J]. Mater. Today,2007,10: 20-28.

[59] Q. -Q. Ni, C. -S. Zhang, Y. Fu, et al. Shape memory effect and mechanical properties of carbon nanotube/shape memory polymer nanocomposites [J]. Compos. Struct. ,2007,81: 176-184.

[60] J. W. Cho,J. W. Kim, Y. C. Jung,et al. Electroactive shape-memory polyurethane composites incorporating carbon nanotubes [J]. Macromol. Rapid Commun. , 2005,26: 412-416.

[61] Q. Meng,J. Hu, Y. Zhu. Shape-memory polyurethane/multiwalled carbon nanotube fibers[J]. J. Appl. Polym. Sci. ,2007,106: 837-848.

[62] E. Miyako,C. Hosokawa, M. Kojima, et al. A photo-thermal-electrical converter based on carbon nanotubes for bioelectronic applications [J]. Angew. Chem. , 2011,123: 12474-12478.

[63] S. W. Goodman. Handbook of insoluable polymer network Plastics[M]. 2nd Ed. Cambridge University Press: Cambridge,1999.

［64］　N. G. Sahoo, S. Rana, J. W. Cho, et al. Polymer nanocomposites based on functionalized carbon nanotubes[J]. Prog. Polym. Sci. ,2010,35：837-867.

［65］　Y. Ji,Y. Y. Huang, A. R. Tajbakhsh, et al. Polysiloxane surfactants for the dispersion of carbon nanotubes in nonpolar organic solvents[J]. Langmuir,2009, 25：12325-12331.

［66］　N. B. McKeown, P. M. Budd. Polymers of intrinsic microporosity（PIMs）: organic materials for membrane separations, heterogeneous catalysis and hydrogen storage[J]. Chem. Soc. Rev. ,2006,35：675-683.

［67］　M. Giamberini, E. Amendola, C. Carfagna. Lightly crosslinked liquid crystalline epoxy resins: The effect of rigid-rod length and applied stress on the state of order of the cured thermoset[J]. Macromol. Chem. Phys. ,1997,198：3185-3196.

［68］　D. Grewell,A. Benatar. Welding of plastics: Fundamentals and new developments[J]. Int. Polym. Proc. ,2007,22：43-60.

［69］　D. A. Grewell,A. Benatar,J. B. Park. Plastics and composites welding handbook[M]. Munich,Hanser,Cincinnati: Hanser Gardener,2003.

［70］　P. A. Atanasov. Laser welding of plastics: theory and experiments[J]. Opt. Eng. ,1995,34：2976-2980.

［71］　K. Sato,Y. Kurosaki,T. Saito,et al. Laser welding of plastics transparent to near-infrared radiation[J]. Proceedings of SPIE,2002,4637：528-536.

［72］　B. D. Fairbanks, S. P. Singh, C. N. Bowman, et al. Photodegradable, photoadaptable hydrogels via radical-mediated disulfide fragmentation reaction[J]. Macromolecules, 2011,44：2444-2450.

［73］　Y. Amamoto,J. Kamada, H. Otsuka, et al. Repeatable photoinduced self-Healing of covalently cross-linked polymers through reshuffling of trithiocarbonate units[J]. Angew. Chem. ,2011,50：1660-1663.

［74］　Y. Amamoto,H. Otsuka, A. Takahara , et al. Self-healing of covalently cross-linked polymers by reshuffling thiuram disulfide moieties in air under visible light[J]. Adv. Mater. ,2012,24：3975-3980.

［75］　B. Blaiszik,S. Kramer,S. Olugebefola,et al. Self-healing polymers and composites[J]. Annu. Rev. Mater. Res. ,2010,40：179-211.

［76］　H. Jin, C. L. Mangun, D. S. Stradley, et al. Self-healing thermoset using encapsulated epoxy-amine healing chemistry[J]. Polymer,2012,53：581-587.

［77］　J. Kim,J. A. Hanna, M. Byun, et al. Designing responsive buckled surfaces by halftone gel lithography[J]. Science,2012,335：1201-1205.

［78］　T. H. Ware,M. E. McConney,J. J. Wie,et al. Voxelated liquid crystal elastomers[J]. Science,2015,347：982-984.

［79］　M. McEvoy,N. Correll. Materials that couple sensing,actuation,computation,and communication[J]. Science,2015,347：1261689.

[80] G. Villar, A. D. Graham, H. Bayley. A tissue-like printed material[J]. Science, 2013, 340: 48-52.

[81] M. A. C. Stuart, W. T. Huck, J. Genzer, et al. Emerging applications of stimuli-responsive polymer materials[J]. Nat. Mater. ,2010,9: 101-113.

[82] S. Tibbits. Design to self-assembly[J]. Archit. Des. ,2012,82: 68-73.

[83] S. Xu, Z. Yan, K. -I. Jang, et al. Assembly of micro/nanomaterials into complex, three-dimensional architectures by compressive buckling[J]. Science, 2015, 347: 154-159.

[84] J. L. Silverberg, A. A. Evans, L. McLeod, et al. Using origami design principles to fold reprogrammable mechanical metamaterials[J]. Science, 2014, 345: 647-650.

[85] L. Ionov. Soft microorigami: self-folding polymer films[J]. Soft Matter, 2011, 7: 6786-6791.

[86] C. Ma, T. Li, Q. Zhao, et al. Supramolecular lego assembly towards three-dimensional multi-responsive hydrogels[J]. Adv. Mater. ,2014,26: 5665-5669.

[87] M. Behl, K. Kratz, U. Noechel, et al. Temperature-memory polymer actuators[J]. Proc. Natl. Acad. Sci. U. S. A. ,2013,110: 12555-12559.

[88] E. Palleau, D. Morales, M. D. Dickey, et al. Reversible patterning and actuation of hydrogels by electrically assisted ionoprinting[J]. Nat. Commun. ,2013,4: 2257.

[89] Z. L. Wu, M. Moshe, J. Greener, et al. Three-dimensional shape transformations of hydrogel sheets induced by small-scale modulation of internal stresses[J]. Nat. Commun. ,2013,4: 1586.

[90] R. Geryak, V. V. Tsukruk. Reconfigurable and actuating structures from soft materials[J]. Soft Matter, 2014, 10: 1246-1263.

[91] S. Iamsaard, S. J. Aßhoff, B. Matt, et al. Conversion of light into macroscopic helical motion[J]. Nat. Chem. ,2014,6: 229-235.

[92] Y. Sawa, F. Ye, K. Urayama, et al. Shape selection of twist-nematic-elastomer ribbons[J]. Proc. Natl. Acad. Sci. U. S. A. ,2011,108: 6364-6368.

[93] L. T. de Haan, A. P. Schenning, D. J. Broer. Programmed morphing of liquid crystal networks[J]. Polymer, 2014, 55: 5885-5896.

[94] L. T. de Haan, V. Gimenez-Pinto, A. Konya, et al. Accordion-like actuators of multiple 3D patterned liquid crystal polymer films[J]. Adv. Funct. Mater. ,2014, 24: 1251-1258.

[95] R. R. Kohlmeyer, J. Chen. Wavelength-selective, IR light-driven hinges based on liquid crystalline elastomer composites[J]. Angew. Chem. Int. Ed. ,2013,52: 9234-9237.

[96] C. Li, Y. Liu, X. Huang, et al. Direct sun-driven artificial heliotropism for solar energy harvesting based on a photo-thermomechanical liquid-crystal elastomer nanocomposite[J]. Adv. Funct. Mater. ,2012,22: 5166-5174.

[97] L. Yang, K. Setyowati, A. Li, et al. Reversible infrared actuation of carbon nanotube-liquid crystalline elastomer nanocomposites[J]. Adv. Mater. ,2008,20:

2271-2275.

[98] Y. Yang, Z. Pei, X. Zhang, et al. Carbon nanotube-vitrimer composite for facile and efficient photo-welding of epoxy[J]. Chem. Sci. ,2014,5: 3486-3492.

[99] R. Verduzco. Shape-shifting liquid crystals[J]. Science,2015,347: 949-950.

[100] Q. Zhao, W. Zou, Y. Luo, et al. Shape memory polymer network with thermally distinct elasticity and plasticity[J]. Sci. Adv. ,2016,2: e1501297.

[101] M. Behl, M. Y. Razzaq, A. Lendlein. Multifunctional shape-memory polymers[J]. Adv. Mater. ,2010,22: 3388-3410.

[102] A. Lendlein, S. Kelch. Shape-memory polymers[J]. Angew. Chem. Int. Ed. ,2002,41: 2034-2057.

[103] Z. Pei, Y. Yang, Q. Chen, et al. Regional shape control of strategically assembled multishape memory vitrimers[J]. Adv. Mater. ,2016,28: 156-160.

[104] M. Bothe, T. Pretsch. Bidirectional actuation of a thermoplastic polyurethane elastomer[J]. J. Mater. Chem. A,2013,1: 14491-14497.

[105] M. Bothe, T. Pretsch. Two-way shape changes of a shape-memory poly(ester urethane)[J]. Macromol. Chem. Phys. ,2012,213: 2378-2385.

[106] L. Yu, Q. Wang, J. Sun, et al. Multi-shape-memory effects in a wavelength-selective multicomposite[J]. J. Mater. Chem. A,2015,3: 13953-13961.

[107] W. Li, Y. Liu, J. Leng. Selectively actuated multi-shape memory effect of a polymer multicomposite[J]. J. Mater. Chem. A,2015,3: 24532-24539.

[108] C. C. Fu, A. Grimes, M. Long, et al. Tunable nanowrinkles on shape memory polymer sheets[J]. Adv. Mater. ,2009,21: 4472-4476.

[109] A. S. Gladman, E. A. Matsumoto, R. G. Nuzzo, et al. Biomimetic 4D printing[J]. Nat. Mater. ,2016,15: 413-418.

[110] J. G. Hardy, M. Palma, S. J. Wind, et al. Responsive biomaterials: advances in materials based on shape-memory polymers[J]. Adv. Mater. ,2016: 5717-5724.

[111] J. Leng, X. Lan, Y. Liu, et al. Shape-memory polymers and their composites: stimulus methods and applications[J]. Prog. Mater. Sci. ,2011,56: 1077-1135.

[112] Y. Liu, H. Du, L. Liu, et al. Shape memory polymers and their composites in aerospace applications: a review[J]. Smart Mater. Struct. ,2014,23: 023001.

[113] M. Zarek, M. Layani, I. Cooperstein, et al. 3D printing of shape memory polymers for flexible electronic devices[J]. Adv. Mater. ,2016,28: 4449-4454.

[114] J. -S. Kim, D. -Y. Lee, J. -S. Koh, et al. Component assembly with shape memory polymer fastener for microrobots[J]. Smart Mater. Struct. ,2014,23: 015011.

[115] L. Sun, W. M. Huang, H. B. Lu, et al. Shape memory technology for active assembly/disassembly: fundamentals, techniques and example applications[J]. Assembly Autom. ,2014,34: 78-93.

[116] M. D. Hager, S. Bode, C. Weber, et al. Shape memory polymers: Past, present

and future developments[J]. Prog. Polym. Sci. ,2015,49: 3-33.

[117] Q. Zhao, H. J. Qi, T. Xie. Recent progress in shape memory polymer: New behavior,enabling materials,and mechanistic understanding[J]. Prog. Polym. Sci. ,2015,49: 79-120.

[118] M. Ecker,T. Pretsch. Novel design approaches for multifunctional information carriers[J]. RSC Adv. ,2014,4: 46680-46688.

[119] M. Ecker, T. Pretsch. Multifunctional poly ( ester urethane ) laminates with encoded information[J]. RSC Adv. ,2014,4: 286-292.

[120] D. Habault,H. Zhang, Y. Zhao. Light-triggered self-healing and shape-memory polymers[J]. Chem. Soc. Rev. ,2013,42: 7244-7256.

[121] A. Lendlein, H. Jiang, O. Jünger, et al. Light-induced shape-memory polymers[J]. Nature,2005,434: 879-882.

[122] Z. Jiang,M. Xu, F. Li, et al. Red-light-controllable liquid-crystal soft actuators via low-power excited upconversion based on triplet-triplet annihilation[J]. J. Am. Chem. Soc. ,2013,135: 16446-16453.

[123] K. Kumar,C. Knie, D. Bléger, et al. A chaotic self-oscillating sunlight-driven polymer actuator[J]. Nat. Commun. ,2016,7: 11975.

[124] R. Yin,W. Xu,M. Kondo, et al. Can sunlight drive the photoinduced bending of polymer films? [J]. J. Mater. Chem. ,2009,19: 3141-3143.

[125] C. Li,Y. Liu,C. Lo, et al. Reversible white-light actuation of carbon nanotube incorporated liquid crystalline elastomer nanocomposites[J]. Soft Matter,2011, 7: 7511-7516.

[126] S. Thakur, N. Karak. A tough, smart elastomeric bio-based hyperbranched polyurethane nanocomposite[J]. New J. Chem. ,2015,39: 2146-2154.

[127] A. W. Hauser, D. Liu, K. C. Bryson, et al. Reconfiguring nanocomposite liquid crystal polymer films with visible light [ J ]. Macromolecules, 2016, 49: 1575-1581.

[128] T. Baikie,Y. Fang, J. M. Kadro, et al. Synthesis and crystal chemistry of the hybrid perovskite ( $CH_3NH_3$ ) $PbI_3$ for solid-state sensitised solar cell applications[J]. J. Mater. Chem. A,2013,1: 5628-5641.

[129] G. Xing, N. Mathews, S. S. Lim, et al. Low-temperature solution-processed wavelength-tunable perovskites for lasing[J]. Nat. Mater. ,2014,13: 476-480.

[130] A. Kojima, K. Teshima , Y. Shirai, et al. Organometal halide perovskites as visible-light sensitizers for photovoltaic cells[J]. J. Am. Chem. Soc. ,2009,131: 6050-6051.

[131] Z. Tan,R. S. Moghaddam,M. L. Lai, et al. Bright light-emitting diodes based on organometal halide perovskite[J]. Nat. Nanotech. ,2014,9: 687-692.

[132] F. Deschler, M. Price, S. Pathak, et al. High photoluminescence efficiency and optically pumped lasing in solution-processed mixed halide perovskite

semiconductors[J]. J. Phys. Chem. Lett. ,2014,5: 1421-1426.

[133] R. Dhanker,A. Brigeman, A. Larsen,et al. Random lasing in organo-lead halide perovskite microcrystal networks[J]. Appl. Phys. Lett. ,2014,105: 151112.

[134] K. Mizuno,J. Ishii, H. Kishida,et al. A black body absorber from vertically aligned single-walled carbon nanotubes[J]. P. Natl. Acad. Sci. USA 2009,106: 6044-6047.

[135] J. -H. Im,C. -R. Lee, J. -W. Lee,et al. 6. 5% efficient perovskite quantum-dot-sensitized solar cell[J]. Nanoscale,2011,3: 4088-4093.

[136] B. Cai,Y. Xing,Z. Yang,et al. High performance hybrid solar cells sensitized by organolead halide perovskites[J]. Energy Environ. Sci. ,2013,6: 1480-1485.

[137] M. Harada,M. Ochi,M. Tobita,et al. Thermal-conductivity properties of liquid-crystalline epoxy resin cured under a magnetic field[J]. J. Polym. Sci. ,Part B: Polym. Phys. ,2003,41: 1739-1743.

[138] A. Mei,X. Li,L. Liu,et al. A hole-conductor-free,fully printable mesoscopic perovskite solar cell with high stability[J]. Science,2014,345: 295-298.

[139] H. -S. Kim,C. -R. Lee,J. -H. Im,et al. Lead iodide perovskite sensitized all-solid-state submicron thin film mesoscopic solar cell with efficiency exceeding 9%[J]. Sci. Rep. -Uk,2012,2: 1-7.

[140] Q. Jiang,D. Rebollar,J. Gong,et al. Pseudohalide-induced moisture tolerance in perovskite $CH_3 NH_3 Pb(SCN)_2 I$ thin films[J]. Angew. Chem. ,2015,127: 7727-7730.

[141] J. Burschka,N. Pellet,S. -J. Moon,et al. Sequential deposition as a route to high-performance perovskite-sensitized solar cells[J]. Nature,2013,499: 316-319.

[142] F. Meng,R. H. Pritchard, E. M. Terentjev. Stress relaxation,dynamics,and plasticity of transient polymer networks[J]. Macromolecules,2016,49: 2843-2852.

[143] Z. Pei,Y. Yang,Q. Chen,et al. Mouldable liquid-crystalline elastomer actuators with exchangeable covalent bonds[J]. Nat. Mater. ,2014,13: 36-41.

[144] Y. Yang,Z. Pei, Z. Li,et al. Making and remaking dynamic 3D structures by shining light on flat liquid crystalline vitrimer films without a mold[J]. J. Am. Chem. Soc. ,2016,138: 2118-2121.

[145] Y. Yang,Y. Ji. Carbon nanotubes dispersed in liquid crystal elastomers, In: Liquid crystals with nano and microparticles[M]. World Scientific, Singapore, 2016: 631-655.

# 在学期间发表的学术论文与研究成果

[1] Pei Z. , Yang Y. , Chen Q. , Terentjev E. M. , Wei Y. , Ji Y. Mouldable liquid-crystalline elastomer actuators with exchangeable covalent bonds[J]. Nat. Mater. , 2014,13: 36-41.

[2] Yang Y. , Pei Z. , Li Z. , Wei Y. , Ji Y. Making and remaking dynamic 3D structures by shining light on flat liquid crystalline Vitrimer films without a mold[J]. J. Am. Chem. Soc. ,2016,138: 2118-2121.

[3] Yang Y. , Pei Z. , Zhang X. , Tao L. , Wei Y. , Ji Y. Carbon nanotube‑Vitrimer composite for facile and efficient photo-welding of epoxy[J]. Chem. Sci. ,2014,5: 3486-3492.

[4] Yang Y. , Ma F. , Li Z. , Qiao J. , Wei Y. , Ji Y. Enabling sunlight driven response of thermally induced shape memory polymers by rewritable $CH_3NH_3PbI_3$ perovskite coating[J]. J. Mater. Chem. A,2017,5: 7285-7290.

[5] Yang Y. , Ji Y. Carbon nanotubes dispersed in liquid crystal elastomers[M]. World Scientific,2016.

[6] Yang Y. , Jian H. , Xu Y. , Zhu L. Preparation of oligosaccharides from polysaccharide gum of Gleditsia sinensis by enzymatic hydrolysis[J]. Food Science, 2011,18,028.

[7] Pei Z. , Yang Y. , Chen Q. , Wei Y. , Ji Y. Regional shape control of strategically assembled multishape memory Vitrimers[J]. Adv. Mater. ,2016,28: 156-160.

[8] Li Z. , Yang Y. , Qin B. , Zhang X. , Tao L. , Wei Y. , Ji Y. Liquid crystalline network composites reinforced by silica nanoparticles[J]. Materials,2014,7: 5356-5365.

[9] Chen Q. , Yu X. , Pei Z. , Yang Y. , Wei Y. , Ji Y. Multi-stimuli responsive and multi-functional oligoaniline-modified Vitrimers[J]. Chem. Sci. ,2016.

[10] Li Z. , Zhang X. , Wang S. , Yang Y. , Qin B. , Wang K. , Xie T. , Wei Y. , Ji Y. Polydopamine coated shape memory polymer: enabling light triggered shape recovery,light controlled shape reprogramming and surface functionalization[J]. Chem. Sci. ,2016,7: 4741-4747.

[11] Zhang X. , Ma Z. , Yang Y. , Zhang X. , Chi Z. , Liu S. , Xu J. , Jia X. , Wei Y. Influence of alkyl length on properties of piezofluorochromic aggregation induced

emission compounds derived from 9,10-bis〔(N-alkylphenothiazin-3-yl) vinyl〕 anthracene〔J〕. Tetrahedron,2014,70: 924-929.

〔12〕 Zhang X., Ma Z., Yang Y., Zhang X., Jia X., Wei Y. Fine-tuning the mechanofluorochromic properties of benzothiadiazole-cored cyano-substituted diphenylethene derivatives through D-A effect〔J〕. J. Mater. Chem. C,2014,2: 8932-8938.

〔13〕 Li H.,Zhang X.,Zhang X., Yang B., Yang Y., Huang Z., Wei Y. Zwitterionic red fluorescent polymeric nanoparticles for cell imaging〔J〕. Macromol. Biosci., 2014,14: 1361-1367.

〔14〕 Li H.,Zhang X.,Zhang X., Yang B., Yang Y., Huang Z., Wei Y. Biocompatible fluorescent polymeric nanoparticles based on AIE dye and phospholipid monomers〔J〕. RSC Advances,2014,4: 21588-21592.

〔15〕 Li H.,Zhang X., Zhang X., Yang B., Yang Y., Wei Y. Stable cross-linked fluorescent polymeric nanoparticles for cell imaging〔J〕. Macromol. Rapid Commun.,2014,35: 1661-1667.

〔16〕 Li H., Zhang X., Zhang X., Yang B., Yang Y., Wei Y. Ultra-stable biocompatible cross-linked fluorescent polymeric nanoparticles using AIE chain transfer agent〔J〕. Polym. Chem.,2014,5: 3758-3762.

〔17〕 Liu M.,Ji J.,Zhang X., Zhang X., Yang B., Deng F., Li Z., Wang K., Yang Y., Wei Y. Self-polymerization of dopamine and polyethyleneimine: novel fluorescent organic nanoprobes for biological imaging applications〔J〕. J. Mater. Chem. B,2015,3: 3476-3482.

〔18〕 Liu M.,Zhang X., Yang B.,Deng F., Huang Z.,Yang Y.,Li Z.,Zhang X.,Wei Y. Ultrabright and biocompatible AIE dye based zwitterionic polymeric nanoparticles for biological imaging〔J〕. RSC Advances,2014,4: 35137-35143.

〔19〕 Liu M.,Zhang X.,Yang B.,Deng F.,Ji J.,Yang Y.,Huang Z.,Zhang X.,Wei Y. Luminescence tunable fluorescent organic nanoparticles from polyethyleneimine and maltose: facile preparation and bioimaging applications〔J〕. RSC Advances,2014,4: 22294-22298.

〔20〕 Liu M.,Zhang X., Yang B., Deng F., Yang Y., Li Z., Zhang X., Wei Y. Preparation and bioimaging applications of AIE dye cross-linked luminescent polymeric nanoparticles〔J〕. Macromol. Biosci.,2014,14: 1712-1718.

〔21〕 Liu M.,Zhang X., Yang B., Li Z., Deng F., Yang Y., Zhang X., Wei Y. Fluorescent nanoparticles from starch: Facile preparation, tunable luminescence and bioimaging〔J〕. Carbohydr. Polym.,2015,121: 49-55.

〔22〕 Xu L.,Chen Y., Liu N., Zhang W., Yang Y., Cao Y., Lin X., Wei Y., Feng L.

Breathing demulsification: A three-dimensional (3D) free-standing superhydrophilic sponge[J]. ACS Appl. Mater. Inter. ,2015,7: 22264-22271.

[23] Zhang X. , Zhang X. , Wang K. , Liu H. , Gu Z. , Yang Y. , Wei Y. A novel fluorescent amphiphilic glycopolymer based on a facile combination of isocyanate and glucosamine[J]. J. Mater. Chem. C,2015,3: 1738-1744.

[24] Zhang X. , Zhang X. , Yang B. , Yang Y. , Chen Q. , Wei Y. Biocompatible fluorescent organic nanoparticles derived from glucose and polyethylenimine[J]. Colloid. Surface. B,2014,123: 747-752.

[25] Zhang X. , Zhang X. , Yang B. , Yang Y. , Wei Y. Renewable itaconic acid based cross-linked fluorescent polymeric nanoparticles for cell imaging [J]. Polym. Chem. ,2014,5: 5885-5889.

# 致　　谢

在我博士期间的学习和生活中,首先我要感谢我的父母和哥哥对我无私的爱和呵护,以及在这五年给予我的默默支持和鼓励。

其次,我要特别感谢我硕士阶段的导师吉岩副教授和博士阶段的导师危岩教授,在这五年对我的指导和帮助。五年的成长和学习,离不开这两位导师的悉心指导和教导。在我基础薄弱的时候,吉老师对我的各类问题始终都耐心讲解;在我对科研还无概念时,吉老师在理论知识和实验操作方面都给我指导和引导,使我在科研的路上逐渐成长。至今还记得,危老师给我逐字逐句地改文章的情景,危老师在大屏幕上看,我在电脑上改,从中午改到后半夜,当我已经身心倦怠时,危老师仍精神抖擞。危老师对科研的严谨和热心不仅鞭策我,更让我明白对科研的态度。总之,非常荣幸能够成为危岩教授课题组的一员,非常感谢吉老师和危老师的指导。

再次,我要感谢我在英国剑桥大学物理系卡文迪许实验室交流访问时的导师 Eugene M. Terentjev 教授。在剑桥学习的这几个月中,Terentjev教授在科研和生活上给予我很多帮助,不仅让我学习了卡文迪许实验室的先进的科研项目,更学习了西方科研和教育的先进方法,还帮助我尽快地了解英国的文化和生活。

另外,我还要感谢课题组的陶磊副教授和冯琳副教授对我的关心和帮助! 衷心感谢任娜老师对我学习、科研和生活方面的关心和帮助。

最后,我要感谢这五年一直陪伴我、鼓励我的小伙伴们。感谢课题组的博士后张小勇博士、张锡奇博士、王珂博士在我刚进课题组时给予的帮助和指导。感谢吉老师小组的裴志强、李振、王振华、陈巧梅、钱晓杰在这期间在科研和生活上给我的帮助和支持。感谢课题组已毕业的翟文韬师兄、齐宏旭博士、付长奎博士、张亚玲博士、杨斌博士、许亮鑫博士、曹莹泽博士及张昀、王诗琪、张翔、竺狮宇等,给我实验上的帮助和指导。感谢课题组刘娜、陈雨宁、赵原、吴海波、薛浩栋、王梓林、孙强、袁倩、张玮峰、林鑫、张庆东、纪金朝的帮助和陪伴。还要感谢课题组博士后徐艳双博士在我论文答辩阶段给予的帮助。